気象学の新潮流
新田　尚
中澤哲夫
斉藤和雄
[監修]

②

台風の正体

筆保弘徳
伊藤耕介
山口宗彦 [著]

朝倉書店

はじめに

「こどもの頃は，台風が近付いてくると妙にワクワクしたものだった」，そう語る人は多い．たちこめる黒い雲，ゴウゴウと鳴り響く風，窓をたたきつける激しい雨…嵐が近付いてくるあの異様な雰囲気と，これから何が起こるのだろうという好奇心からそう感じるのであろう．しかし，現実の危機に直面すると，もはや台風を単なるワクワクの対象として感じることはできない．2013年だけに限ってみても，京都に洪水をもたらした台風18号，伊豆大島で土砂災害を引き起こした台風26号，フィリピンで死者・行方不明者7000人以上を出した台風30号，日本・世界の各地で台風に伴う大きな被害が発生している．日本に住むだれもが，いつ台風の被災者になっても不思議ではない．台風は，身近で興味深い大気現象であると同時に，すべての人にとって生命や財産を脅かす存在なのである．

この本の著者は，台風へのワクワクが大人になってもやまず，ついにはその研究を職業にしてしまった若手研究者3名である．日々，台風のメカニズムを解明し，どうすればより精度よく台風を予測し，被害を減らすことができるのかを研究している．本書の執筆の依頼を受けたとき，台風のしくみや恐ろしさ，さらには現象の面白さに関して，伝えたいことはたくさんあったので喜んで引き受けた．ところが，本書は構想段階から難航した．というのも，台風に関する書籍はこれまでにもたくさん出版されているし，科学・予報・災害・経済・歴史などさまざまな分野にまたがる台風の姿を，3人が完全に熟知できているとはいい難かったからである．

度重なる議論の末に出た結論は，メカニズムを含めた台風の基礎的な内容はカバーしつつ，研究者として伝えたい地球温暖化の影響やスーパーコンピュータを用いた台風のシミュレーションなど最新の研究成果も紹介し，加えて，著者自身が十分に理解できていないことがあれば執筆の機会を活かして徹底的に調査するという，欲張りかつ労力のいる方針であった．この方針に基づき，わ

れわれはあちこちに出向いて取材を行い，新たにデータ解析や数値シミュレーションを行うなどして情報を充実させるよう心がけた．また，筆者のひとり（筆保）が担当した気象学会主催の一般向けイベント「第 47 回夏季大学～台風学の最前線～」では，台風に関わるさまざまな分野の第一人者を講師に招いたので，その講義内容も大いに参考にさせていただいた[1]．その結果，本書では台風に関する一通りの内容を扱うことができ，ほかにはないオリジナリティも十分に出すことができたのではないかと自負している．

本書は大きく分けて 3 部構成になっており，第 1 部は人間社会と台風との関わりを中心にまとめている．第 1 章「神風と呼ばれた台風」では元寇・第二次世界大戦中における台風の姿を取り上げ，第 2 章「台風の被害」では強風・高潮・大雨に代表される台風災害を科学的に説明するとともに，その被害の実態を明らかにする．第 3 章「数字で見る台風」では，過去の台風の進路や強度の分布をまとめている．本書が独自で調べた国別の台風上陸ランキングや月別・地域別の台風強度の分布などは，台風の基礎資料として活用されることを期待している．

第 2 部では，科学的な視点から台風の正体を解き明かす．数式の代わりに図や表を多用し平易な解説となるよう心がけたが，難しければはじめは飛ばしてしまっても構わない．第 4 章「台風の構造と一生」では，まず台風を説明するうえで必要となる気象学の基礎知識を解説し，その後，台風に科学のメスを入れてせまる．第 5 章「台風のメカニズム」では，台風発生・発達やエンジンの説明，台風の動きがどのようにして決まるかについて解説する．第 6 章「台風にとっても母なる海」では，台風と海との関係について紹介する．この分野は近年注目を集めているもので，一般向けの書籍では初めて扱われる内容が多い．

第 3 部は台風の予報にスポットを当てる．第 7 章「コンピュータの中の台風」では，予報に用いられる手法を解説する．第 8 章は「台風予報の現場から」である．この章では，気象庁で台風の中心位置や最大風速の値がどのように作成され発表されているか，そしてさらなる改善のための取組みを紹介する．この章を書くにあたり，2013 年台風 3 号が接近しているときに，気象庁で実際に台風解析・予報作業をしている現場を取材したので，臨場感のある現場の様子が

---

[1] このときに行われた「第 1 回台風共通一次試験」は，問題と解説をウェブサイトで公開している (http://www.fudeyasu.ynu.ac.jp/temp/tc-exam1/index.html)．本書を読破した方はぜひチャレンジしてみてください！

はじめに　　　　　　　　　　　　　　iii

伝わるのではないかと考えている．

　このように，本書は多くの方のご協力を得て無事に完成することができた．まず，われわれ若手研究者に「気象学の新潮流」シリーズへの参加を呼び掛けてくださった元気象庁長官の新田尚先生，世界気象機関の中澤哲夫博士，気象研究所の斉藤和雄部長に感謝申し上げます．また，貴重な資料や情報を提供して頂いた方々，現実の台風の解析・予報作業でお忙しい中取材に応じていただいた黒良龍太予報官，池田徹予報官をはじめとする気象庁予報課の職員の皆様，京都大学防災研究所で強風の実験にご協力いただいた丸山敬教授，冨阪和秀様と土井こずえ様，奇抜な格好で本書 p.18 に登場していただいている海洋研究開発機構の茂木耕作博士，NHK「学ほう BOSAI」の撮影クルーの皆様に御礼申し上げます．そして，興味深いデータを提供してくださった国立台湾大学の I-I Lin 教授，ハワイ大学の Yuqing Wang 教授，名古屋大学の篠田太郎准教授，理化学研究所の富田浩文博士と宮本佳明博士と吉田龍二博士，プリンストン大学地球流体力学研究所の村上裕之博士，海洋研究開発機構の城岡竜一博士，勝俣昌己博士，久保田尚之博士，大内一良博士，山田洋平博士，東京大学の末木健太様，北海道テレビ放送の廣瀬駿様，池田総合管理所，田辺市企画部，サイバネットシステムの黒木勇様と久保田聖様，また豊島実様に感謝いたします．さらに，貴重なコメントを寄せてくださった，減災コンサルタントの饒村曜様，気象研究所の竹内義明部長と北畠尚子室長，元世界気象機関の黒岩宏司様，朝日新聞の黒沢大陸編集委員，海洋研究開発機構の森岡優志博士，マイケル・ペイジ・インターナショナルの古市祐介様，横浜国立大学の吉岡大秋様と熊澤里枝様，琉球大学の山田広幸准教授，藤間弘敬様，田原和宗様，横山淑紀様，安倍舜様，ウェザーニューズの北内達也様にこの場を借りて感謝申し上げます．

2014 年 8 月

著　者

目　　次

1. **神風と呼ばれた台風** ──────────────── 1

2. **台風の被害** ─────────────────── 8
    2.1　これまでにどれだけの台風被害を受けてきたのか？　8
    2.2　強風被害　13
    2.3　高潮被害　20
    2.4　豪雨被害　25
    2.5　そのほかの台風被害　32

3. **数字で見る台風** ──────────────── 35
    3.1　台風・ハリケーン・スーパータイフーンの定義　35
    3.2　北西太平洋の台風階級　39
    3.3　北西太平洋の台風発生数　43
    3.4　北西太平洋の台風の動き　47
    3.5　日本の上陸数：都道府県別上陸ランキング　50
    3.6　世界の台風発生数　52
    3.7　世界の上陸数：国別上陸ランキング　54

4. **台風の構造と一生** ─────────────── 59
    4.1　台風を学ぶ前の気象学の基礎知識　59
    　(1)　大気の温度構造と不安定　59
    　(2)　気圧と気圧傾度力　60
    　(3)　遠心力とコリオリ力　61
    　(4)　回転する力：角運動量と渦度　64
    　(5)　台風のエネルギー源：凝結熱　65

4.2 台風の渦　67
　(1) なぜ台風は渦を巻くのか？　67
　(2) なぜ南半球の台風は逆巻きになるのか？　69
4.3 台風の内部構造　70
　(1) 台風内部の領域区分と雲の種類　70
　(2) 内部コアの構造　72
　(3) 外部コアと外側領域の構造　75
4.4 台風の一生　78
　(1) 発生期　79
　(2) 発達期　81
　(3) 最盛期　82
　(4) 衰弱期　83
　(5) 温帯低気圧化　83

5. 台風のメカニズム ―――――――――――――――――― 86
5.1 発生メカニズム：台風誕生の謎　86
　(1) 発生環境の条件　86
　(2) 台風発生の後押しをする力　88
　(3) 構造形成メカニズム　91
5.2 発達メカニズム：2つの理論と台風エンジン　94
　(1) 積乱雲と渦の絆メカニズム：CISK　94
　(2) 海と大気の絆メカニズム：WISHE　96
　(3) カルノーサイクル台風エンジン　98
5.3 温帯低気圧化メカニズム　100
5.4 移動メカニズム：指向流とベータ効果　102

6. 台風にとっても母なる海 ――――――――――――――― 106
6.1 台風と海　106
6.2 海面での運動量と水蒸気のやりとり　107
6.3 台風下での運動量交換と水蒸気交換　109
6.4 海の中の混合　112
6.5 台風強度への影響　115

7. コンピュータの中の台風 —————————————— 118
　7.1　台風予報を支える数値予報　118
　7.2　さまざまな数値予報システム：水平解像度と計算領域　120
　7.3　初期値の作り方　123
　7.4　アンサンブル予報　126
　7.5　台風をターゲットにしたアンサンブル予報　127

8. 台風予報の現場から ————————————————— 130
　8.1　台風予報の現場　130
　8.2　台風の解析　133
　　(1) 台風の中心位置　134
　　(2) 進行方向と速度　136
　　(3) 最大風速・最大瞬間風速　136
　　(4) 中心気圧　138
　　(5) 暴風域・強風域　138
　　(6) 台風の温帯低気圧化　139
　8.3　台風の予報　141
　　(1) 台風の進路予報　141
　　(2) 台風の強度予報　142
　8.4　地球規模の台風包囲網：台風センター　144
　8.5　完璧な予報を目指して　147
　　(1) 進路予報の改善に向けて　147
　　(2) 強度予報の改善に向けて　151

巻末付表 ———————————————————————— 156
　表A　台風の名前リスト　156
　表B　1951年以降日本に上陸した台風のリスト　159

引用文献 ———————————————————————— 163

索　引 —————————————————————————— 169

◆ コラム ◆

1 ◆ 台風の横顔シリーズ：台風は空飛ぶ給水車！　31
2 ◆ 伝説のビッグウェーブ・コンテスト　34
3 ◆ コリオリ力：右投げピッチャーはシュートが得意？！　63
4 ◆ 台風の横顔シリーズ：台風は動く発電所！　66
5 ◆ 眼の形態学　74
6 ◆ 最も気圧が低いところは台風の中心ではない？
　　　プレッシャーディップ！　77
7 ◆ 台風の横顔シリーズ：台風は線香花火！　85
8 ◆ 台風の横顔シリーズ：台風はカンガルーの袋の中で生まれる？　88
9 ◆ 台風誕生の謎に迫る：トップダウン仮説 vs ボトムアップ仮説　93
10 ◆ 熱力学第一法則：子供の体力はおにぎりとオモチャ次第　97
11 ◆ 台風を追う強者達シリーズ：航空機観測で台風に突撃せよ　111
12 ◆ 台風が通ると生物生産が増える？　115
13 ◆ 台風を追う強者達シリーズ：スーパーモデルと
　　　スーパーコンピュータの世界　122
14 ◆ 台風を追う強者達シリーズ：米国発、ハリケーンを追え
　　　（ハリケーンハンター）　124
15 ◆ 台風を追う強者達シリーズ：台湾発、台風を追え（DOTSTAR）　132
16 ◆ 台風を追う強者達シリーズ：日本発、台風を追え（T-PARC）　139
17 ◆ 台風を追う強者達シリーズ：伊勢湾台風再現実験プロジェクト　143
18 ◆ 台風を追う強者達シリーズ：誕生の謎を追う PALAU2013　145
19 ◆ 台風を追う強者達シリーズ：未来の台風を追う　153

神風と呼ばれた台風

　鎌倉時代中期，元の皇帝クビライ・カーンは日本侵攻を企て，日本に艦隊を2度送り込んだ．1度目は文永の役（1274年），2度目は弘安の役（1281年）である．特に，2度目の弘安の役では，クビライは文永の役の4倍近い軍勢となる約14万人を編成し，日本を征服することを目論んだ．
　いわゆる「神風」が吹いたのは，弘安の役の際，4万の元・高麗軍相手に鎌倉武士が必死に防戦していたところに，無傷の10万の軍勢が中国大陸から到着し，いままさに大規模な戦闘が開始されようかというときであった．日本にとってみれば，この強風は，まさに救国の英雄といえよう．
　「神風」について，マルコ・ポーロは記している．
　「…さて，クビライ・カーンはこの島の豊かさを聞かされてこれを征服しようと思い，2人の将軍に多数の船と騎兵と歩兵を付けて派遣した．将軍の1人はアバタン（阿刺罕），もう1人はジョンサインチン（范文虎），2人とも賢く勇敢であった．彼らはサルコン（泉州）とキンセー（杭州）の港から大洋にのり出し，長い航海の末にこの島にいたった．上陸するとすぐに平野と村落を占領したが，城や町は奪うことができなかった．そこで不幸が彼らを襲う．凄まじい北風が吹いてこの島を荒らし回ったのである．島にはほとんど港というものがなく，風は極めて強かったので，大カーンの船団はひとたまりもなかった．彼らはこのままとどまれば船がすべて失われてしまうと考え，島を離れた．しかし，少しばかり戻ったところに小島（鷹島）があり，船団は否応もなくこの小島にぶつかって破壊されてしまった．軍隊の大部分は滅び，わずかに3万人ほどが生き残ってこの小島に難を避けた．彼らには食糧も援軍もなく，もはや命はないものと諦めざるを得なかった．」（『東方見聞録』，成立は1300年ごろ）

ここでいう極めて強かった風は，台風によるものだと考えられている．というのも，弘安の役があった時期は，現在の暦では8月の下旬にあたる．この時期に強風を伴う現象としては台風が典型的なものである．また，弘安の役の主戦場であった九州北部だけでなく，遠く離れた京都でも，当時の貴族が夜半に強い風雨があったことを日記に記している（三池，2010；松嶋，2011）．近年では，沈没船のほぼ完全な船体が海底に見つかるなどの発見もあり，考古学的な実証研究も進んでいる．

　日本側の古文書には，このときの強風は神佑天助によるものであったと記されているものが多い．元・高麗軍襲来に際し，朝廷は全国の寺社に対し，異国調伏の祈祷をするように命令を発していた．神風が吹き日本が勝利したことを受けて，京都の貴族らは祈祷を熱心に行った寺社が台風を呼び込んだ最大の貢献者だと考えた．科学が発達していなかった時代のことであり，致し方ないことのようにも感じられるが，朝廷は武士には特に敬意を払うことはなく，執権北条時宗にすら何も送らなかったとされている．もちろん，武士が無能だったわけではなく，必死で防戦していたからこそ，強風が元・高麗軍をなぎ倒したわけであるが…（図1.1）．

　ここで少しだけ荒唐無稽な空想をしてみよう．すなわち，この季節に猛烈な風が吹くことを元・高麗軍司令部が知っていたら，どうなっていただろうか．台風は暖かい南の海上で発生し，徐々に北上して日本を襲う．3章でも述べるとおり，8月や9月は日本への台風上陸頻度が多い月である．図1.2と図1.3は，現在の台風データを用いて，鷹島付近を通過する台風を検出した結果である．

図1.1　神風が吹いたあと，撤退する元軍の船に竹崎季長がのり込み，蒙古兵を討ち取る様子
（『蒙古襲来絵詞　後巻』）

1. 神風と呼ばれた台風

過去40年間の8月と9月で鷹島から300km以内に接近した台風の数は，何とおよそ50個にも達する！ 毎年およそ1個以上の台風がこの時期この地域に接近しているのだ．

実は，弘安の役において，大陸から渡ってきた10万の軍勢は，先着してい

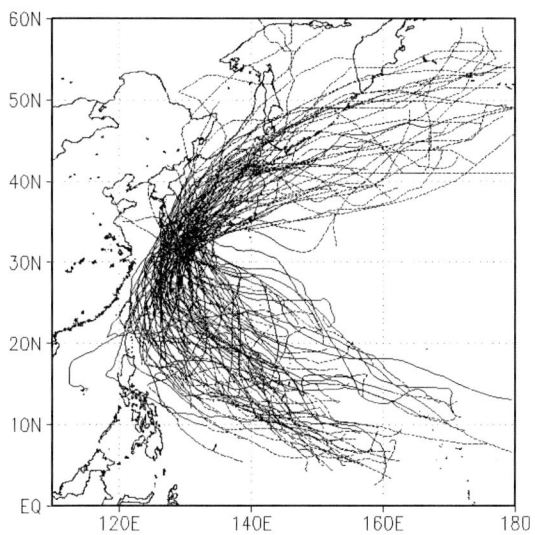

図1.2 1972〜2011年までで，鷹島を中心に半径300km圏内を通過した台風の経路

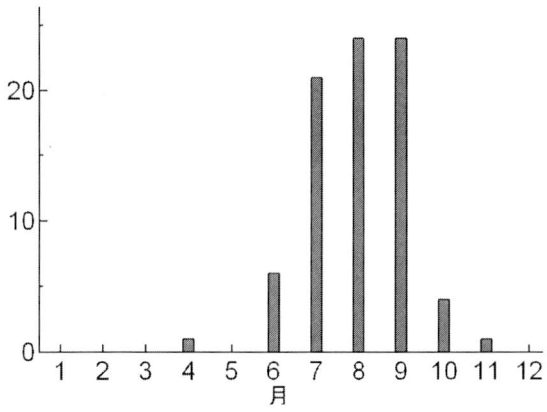

図1.3 1972〜2011年までで，鷹島を中心に半径300km圏内を通過した台風の月別個数

た高麗軍と鷹島沖で合流したのち，1か月程度待機していた時期があったことがわかっている．これは，異なる地域から出てきた両軍勢が戦略を練るために必要だったとも，慣れない土地のことなので慎重にものごとを進めようとしたとも考えられているが，いずれにせよ，1か月間ほとんど大規模な戦闘もなく鷹島沖で過ごしたのである．台風が頻繁にこの地域を通過することを知っていたのならば，それは自殺行為でしかない．台風が近付いた場合，船が大破することは目に見えているので，元・高麗軍の立場でいえば，一刻も早く洋上戦にカタをつけて上陸しなければいけない戦いだった，ということになる．逆にいうと，日本が神風で勝ったといっても，それは奇跡的な出来事などではなく，台風シーズンに元・高麗軍が長く洋上にとどまりすぎたためという見方もできる．

　後世，さまざまな思惑によって，この神風の実態は徐々に誇張され歪曲されていく．例えば『八幡愚童訓』には，7年前の文永の役において，「かろうじて沖に逃れたものには大風に吹きつけられて元軍は敗走した」という記述がある．しかし，ほかの資料などを見ると，文永の役ではむしろ武士の防戦が一定の効果を果たしたことや，元・高麗軍の準備不足が原因だったこと，本格的な侵攻を目論んでいなかったことなど複数の説が考えられており，気象条件によって元軍が退却したことが裏付けられない．そもそも，元軍が襲来したのは現在の暦でいうと11月の下旬であり，その時期は40年に2度ほど台風が接近している程度であり（図1.3），台風が原因で元軍が壊滅することはほとんどあり得ない（台風ではなく，猛烈な低気圧が通過する可能性はある）．しかし，この文献の影響で，後世，神国思想の1つの重要な実例として「文永の役における台風」も題材として取り上げられるようになっていくのである．

　よく知られているように，元寇に吹いた「神風」は，その後の日本人の国家観に大きな影響を及ぼしていく．作家の井沢元彦氏はこのことをとらえて，次のように述べている．

　「良くも悪くも，この『元寇』体験は，日本の防衛意識を決定づけたのである．（中略）確かに「神（アマテラス）」に与えられ，神の子孫（天皇）が支配する国である，とは昔から考えられてきた．そういう意味で「神国」ではあるのだが，元寇以後の神国という概念には単に「神が与えた」ではなく「神によって守られている世界唯一の国」という要素が加わったのである．」（『逆説の日本史　中世神風編』）

　明治時代に入ってから，徐々に科学的なものの見方が浸透していくと，日本

においても台風が自然現象としてとらえられるようになっていく．特に，中央気象台（のちの気象庁）が明治8年に設立されてからは情報も徐々に蓄積されていき，藤原咲平が1923年に英国学会誌に発表した藤原効果のように（詳細は5章），いまなお台風の挙動を説明する基礎研究として高く評価されているものも多い．日本が領土を広げていく過程で，台風は兵站にも大きな影響を及ぼすことから特に重視されている．第一次世界大戦後，日本の委任統治領となったパラオには1922年に南洋庁観測所が設置され，最盛期の1939年にはサイパンやミクロネシア連邦など南洋全体で11か所の気象観測所，31か所の委託観測所があった．このように熱帯域で観測網を展開することは，早期の台風警戒に役立てられていたのである．さらに，1934年には室戸台風と呼ばれる台風が西日本を中心に大きな被害をもたらしたことを契機として，台風の通り道に凌風丸と呼ばれる専用の船を配置し，いかなる状況でも観測を継続することとした．当時は，まさに命がけの台風観測が行われていたのである．1935年9月には多くの艦船が三陸沖台風の近傍を通過したこともあり，台風の観測的知見は最大限戦争にも生かされていた．

しかし，台風を科学の視点でとらえようとする立場があった一方で，神国の象徴としての「台風」の姿も脈々と受け継がれていた．特に，太平洋戦争期にあっては，その側面が強調される傾向にあった．敗戦間近になると小学校の教科書でも，神国思想の1つの重要な実例として，敵が攻めてきたときには神風が日本を救うと教えられ，よく知られているように，神風の名前を冠した特攻隊も結成されていた．日本の中枢部にいた人間ですら，台風を神頼みの1つに数えていた節もある．前述の本で井沢は「実は昭和十年代の軍部は，「勝算」という言葉を知らなかったのではと思えるほど，作戦計画に現実性がない．しかし，その心底にあったのは「いざとなれば日本は神国だから天佑神助がある」という思い込みである．つまり「神風が吹く」ということだ．」と述べている．もちろん，台風だけに望みをつないでいたわけではないだろうが，台風は象徴の1つであったに違いない．

第二次世界大戦中，神風は吹かずに日本は負けたのか？　答えはYesでもあり，Noでもある．先ほど述べたように，太平洋戦争が始まったころには，日本が南洋に観測網を展開していたため，日本側の台風早期警戒に役立っていた．しかし，戦況の悪化に伴い徐々にこれらの観測網は閉鎖に追い込まれていく．図1.4は気象庁の台風データから作成された台風の経路図である．この図1.4で

は，1941年から1944年にかけて，日本が南洋での拠点を失っていくことと期を同じくして，南洋で記録されている台風が減っていることがわかる．太平洋戦争末期には，日本が台風の発生を察知しにくい状況に追い込まれていくのである．そのため大戦中後期には，台風は徐々に連合国側に味方するように働いたと考えられる．一方，連合国軍にとっても，当時の技術で台風の被害を軽減するのは容易なことではなかった．太平洋戦争末期，レイテ島戦の最中の1944年12月には，フィリピン沖の台風（通称コブラ台風）によって死者およそ790人を出し，航空機146機を失っている．死者の多くは，駆逐艦3隻の沈没によるもので，この死者数は真珠湾攻撃に次ぐ規模である．また，1945年6月にも沖縄戦用に展開していた米国海軍を台風（通称バイパー台風）が襲い，死者6名，航空機76機を失うという被害を出している．この影響で，米国軍の攻撃計画はいくぶんの変更を余儀なくされたという．結局，これらの台風によって日本が勝つということはなかったが，米国軍の艦隊が大きく被害を受け，本土攻撃作戦の一部が変更となったこともまた事実である．これらの台風を指して，「第二次世界大戦中の神風」と呼ぶ人もいる．

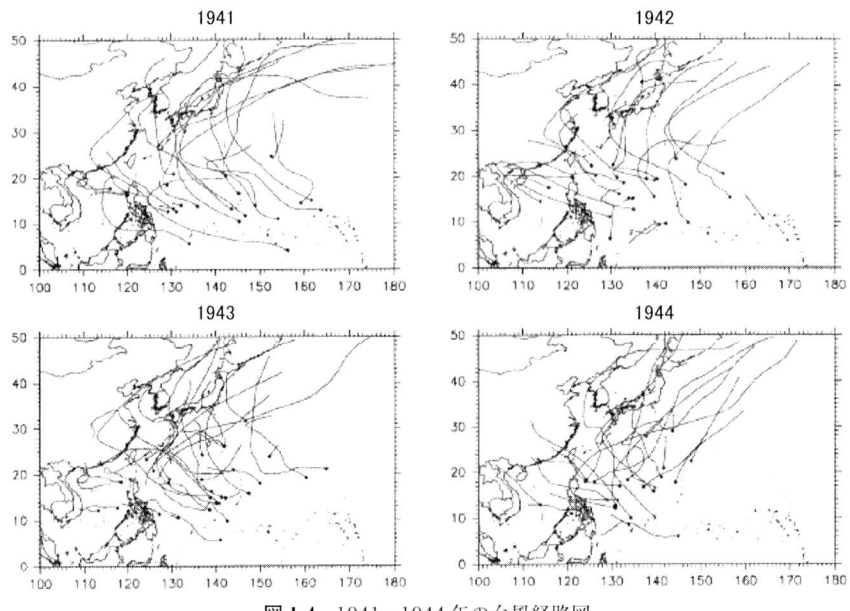

図 1.4 1941〜1944年の台風経路図
1941年から1944年にかけて，南洋の台風の数が減っている（Kubota, 2012）．

台風は，第二次世界大戦終戦を契機として，神国思想から切り離され，真に科学の対象となった．これは，もちろん，第一義的には日本人の価値観の転換によるものだが，もう1つ付け加えたいことがある．それは，この大戦中，米国軍の航空機によって台風の内部の様子が初めてとらえられていたという点である（Sumner, 1943）．それまでの台風観測においては，精密な台風内部の観測を行うことが非常に困難であった．さらに，戦後に起きた台風被害の影響もあって，台風の航空機観測が組織的に行われるようになり，台風の姿かたちが科学的に精密に解剖されることになった．すなわち，台風がどのような構造をしており，どのようなメカニズムによって維持されていくのかが，実証的に理解されるようになっていくのである．

　そのあとも，電子計算機の導入や富士山レーダーや気象衛星の登場により，台風に関する科学的な知見は多く積み重ねられてきた．しかし，その一方で，台風がどのように発生するのか，どうしたらよい予測ができるのかといった，基本的でありながら，依然として議論が尽きないテーマも多い．本書では，先人たちの苦労によって明らかになってきた，台風の姿や台風予報の技術について紹介しよう．

台風の被害

　台風は社会的にインパクトの大きな現象であり，日本を含め，世界各国で人的・経済的被害を引き起こしてきた．台風に関連した自然災害としては，強風・高潮・強雨のほか，高波や塩害などが挙げられる．本章では，このような台風に伴う災害について，実例を示すとともに，科学的な背景についても紹介する．特に，強風による被害は屋内の安全な場所にいることで防げる場合が多く，高潮や大雨に伴う土砂災害による被害は早めの避難が重要になるなど，自分の住んでいる環境や予想される事態が異なれば，とるべき対策も異なるという点を強調したい．

◇◆ 2.1　これまでにどれだけの台風被害を受けてきたのか？ ◆◇

　図 2.1 は，自然災害による死者・行方不明者数の推移を表している．1945 年（昭和 20 年）から 1959 年（昭和 34 年）ごろにかけては，平均で毎年 1000 人近い死者・行方不明者が出ていたことがわかる．表 2.1 は，死者・行方不明者が多かった台風の統計である．この時代には 1 つの台風で数百〜数千人以上の死者が出ることは珍しくなく，台風は当時の人々にとっての大きな脅威であった．

　1959 年に日本を襲った伊勢湾台風は，明治時代以降で死者・行方不明者が最も多かった台風で，死者・行方不明者の数は 5000 人を超えた．その原因は，伊勢湾で発生した高潮が伊勢湾沿岸の干拓地を襲ったことによるものであるが，名古屋港周辺の貯木場の木材が大量に流出し，家屋を襲ったことも大きな被害をもたらした一因であった（図 2.2）（伊藤，2009）．伊勢湾台風による直接の被

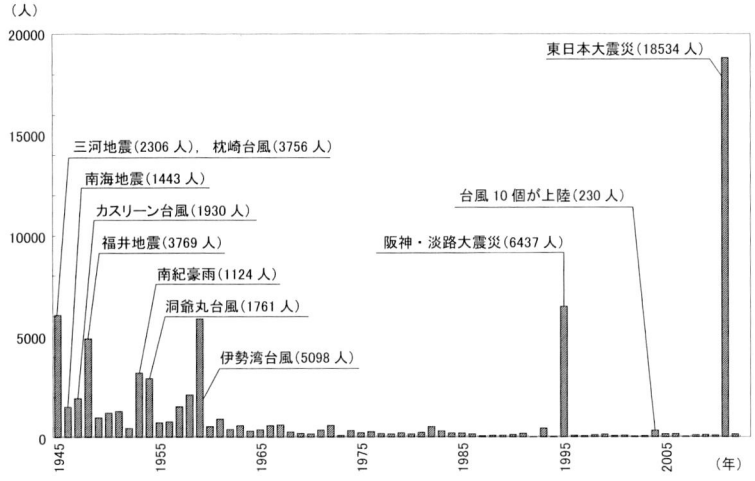

図 2.1 自然災害による死者・行方不明者数
(平成 23 年度版・平成 25 年度版防災白書のデータをもとに作成)

表 2.1 死者・行方不明者数が多い台風

順位	台風名（年月）	死者・行方不明者数
1	伊勢湾台風（1959/9）	5098
2	枕崎台風（1945/9）	3756
3	室戸台風（1934/9）	3036
4	カスリーン台風（1947/9）	1930
5	洞爺丸台風（1954/9）	1761
6	狩野川台風（1958/9）	1269
7	周防灘台風（1942/8）	1158
8	ルース台風（1951/10）	943
9	アイオン台風（1948/9）	838
10	ジェーン台風（1950/9）	508

害額，すなわち，建造物や土木施設などの損失額は約 5500 億円と推定されている．ちなみにこの金額は，その年の日本の一般会計予算の 41.4% に相当する（林，2011）．この数字からもいかに伊勢湾台風が甚大な被害を引き起こしたのかがわかるであろう．当時としては，適切な情報が気象庁から発表されていたものの（村松，2008），現在とは異なり，マスメディアが十分発達しておらず，地方自治体の間の連携（台風が上陸した日は土曜日であったため，休みの行政機関も多かった）も組織立ったものとはなっていなかった．そのため，気象情報が十分に活用されず，被害が大きくなったと考えられている．この甚大な被

図 2.2　伊勢湾台風の被害の様子
(海上保安庁海洋情報部提供)

害を教訓として，災害対策基本法が 1961 年 11 月に公布され，国や地方自治体の災害対策に関する基本的な指針が明確となった．ちなみに，気象庁には台風を研究する専門の部署がなかったが，これを機に，1960 年 4 月 1 日，気象庁気象研究所に台風研究部が新設された（別所ら，2010）．

　台風をはじめとする風水害による死者・行方不明者はともに減少傾向にあり，日本において，個別の台風事例で死者・行方不明者が 100 人を超えたのは，1979 年の台風 20 号が最後である．この背景には，国や地方自治体が防災に本腰を入れて取り組み始めたこと，公共インフラが整ってきたこと，住宅の強度が増してきたこと，人々がマスメディアから事前に情報を得られるようになったことが挙げられる．総じて見れば，さまざまな取組みが目に見える形で効果を発揮してきたといえる．

　それでもなお風水害によって年間約 100 人程度の犠牲者が出ている（表 2.2）．2004 年には，史上最多の 10 個の台風が日本に上陸し，死者・行方不明者数が年間で 200 人を超えた．2011 年には，東日本大震災で日本が大きなショックを受けていたところに，台風 12 号と台風 15 号が襲来した．これらの台風は近畿地方・東海地方・関東地方で大雨を降らし，合わせて 100 人以上の方が亡くなられた．また，2013 年にも伊豆大島で発生した土砂災害によって，50 人近い方が亡くなられている．台風に伴う死者・行方不明者数は全体としては減少傾向にあるが，それでもわれわれ日本人にとって台風は，いまなお大きな脅威であることには変わりはない．

　また，台風に伴う経済損失は依然として大きく，例えば風水害による保険金の支払額のランキングを見ると，台風による支払額が上位を独占している（表 2.3）．1991 年に各地に強風被害をもたらした台風 19 号は，5679 億円もの保険

表 2.2 自然災害で見た死者・行方不明者内訳

年	風水害	地震・津波	火山	雪害	その他	合計
1993	183	233	1	9	11	437
1994	8	3	0	21	7	39
1995	19	6437	4	14	8	6482
1996	21	0	0	28	35	84
1997	51	0	0	16	4	71
1998	80	0	0	28	1	109
1999	109	0	0	29	3	141
2000	19	1	0	52	6	78
2001	27	2	0	59	2	90
2002	20	0	0	26	2	48
2003	48	2	0	12	0	62
2004	240	68	0	16	3	327
2005	48	1	0	98	6	153
2006	87	0	0	88	2	177
2007	14	16	0	5	4	39
2008	21	24	0	48	7	100
2009	76	1	0	35	3	115
2010	31	0	0	57	1	89
2011	136	18559	0	125	2	18822
2012	43	0	0	101	0	144

(注) 本表は，対象年の1月1日から12月31日の死者・行方不明者数を表す．2012年の死者・行方不明者は内閣府取りまとめによる速報値．また，2011年に起きた災害のうち「地震・津波」欄については，警察庁資料「平成23年（2011年）東北地方太平洋沖地震の被害状況と警察措置」（平成25年5月10日）による．

(消防庁資料をもとに内閣府作成)

表 2.3 風水害などによる保険金の支払い（2014年1月30日）
(日本損害保険協会ウェブサイトをもとにして作成)

順位	災害名	地域	年月	支払い保険金（単位：億円）			
				火災・新種	自動車	海上	合計
1	台風19号	全国	1991/9	5225	269	185	5679
2	台風18号	全国	2004/9	3564	259	51	3874
3	台風18号	熊本，山口，福岡など	1999/9	2847	212	88	3147
4	台風7号	近畿中心	1998/9	1514	61	24	1600
5	台風23号	西日本	2004/10	1113	179	89	1380
6	台風13号	福岡，佐賀，長崎，宮崎など	2006/9	1161	147	12	1320
7	台風16号	全国	2004/8	1037	138	35	1210
8	台風15号	静岡，神奈川など	2011/9	1004	100	19	1123
9	9月豪雨	愛知など	2000/9	447	545	39	1030
10	台風19号	九州，四国，中国	1993/9	933	35	10	977

金が支払われ，近年の例では，2011年の台風15号の被害に対して1123億円が支払われている．これらの額は，国家・地方自治体の財政と比べてみても無視できない規模である．

災害情報を考えるうえで知らなければならないのは，東日本大震災や2011年の台風12号の大きな被害をきっかけに2013年8月30日に新設された「特別警報」である．これは，該当地域において数十年に一度という，警報の基準をはるかに超える重大な災害の危険性が高まっているときに発表される．特別警報は，多くの死者・行方不明者を出した伊勢湾台風に伴う高潮や2011年の台風12号に伴う豪雨のような現象を想定している．万が一，自分の住む地域で特別警報が発表されたら，周囲の状況や市町村から出される避難指示・避難勧告などの情報に留意し，ただちに命を守るための行動をとるべきである．

「特別警報」が初めて発表されたのは，2013年の台風18号に伴う，近畿地方を中心とする大雨に対してであった．特別警報では市町村長が，特別警報が発表されて非常に危険であることを住民に呼びかけることが義務となっている（警報では努力目標にとどまっている）が，この事例では特別警報の発表が夜明け前であったことから，住民への周知を見送った市町村もあった．また，2013年の台風26号に伴う伊豆大島での大雨については，「府県程度の広がり」でないことを理由に特別警報の発表自体が見送られたうえ，大島町の対応が後手に回ったことが大きく問題視された．運用面での今後の改善が期待されるとともに，住民自身による積極的な情報収集の重要性も示している．

海外においては，1970年にバングラデシュ地方（当時は東パキスタン）を襲ったサイクロン・ボーラによって，20万〜50万人という死者・行方不明者が出ている（Frank and Husain, 1971）．これは，近代の自然災害において史上最大級の犠牲者数であり，このときの被害に対する政府の不手際が，バングラデシュが独立するきっかけの1つとなった．この被害以降，日本をはじめとする諸外国の貢献によって，サイクロンが襲来した際に逃げ込むためのシェルターがバングラデシュ各地に作られ，死者数の大幅な減少に貢献した．しかし，それでもなお，1991年のサイクロン・ファイリンでは約14万人の死者，2007年のサイクロン・シドルでは4000人以上の死者・行方不明者が出ている．また，2008年に発生したサイクロン・ナルギスではミャンマーで10万人規模の死者が出たほか，2009年には台風8号（アジア名：モーラコット）が台湾を襲い，最大積算降水量2700 mm以上という豪雨によって，1つの村が丸ごと洪水

や土砂に飲み込まれるという大惨事が起こっている．米国でも，2004年にハリケーン・カトリーナやリタが南部に甚大な被害をもたらした．2012年はハリケーン・サンディが西インド諸島や米国北東部を襲った．ニューヨークに上陸した際にはすでにハリケーンとしての構造が失われていたため，ポスト・トロピカルサイクロン・サンディと呼ばれていたが，世界金融の中枢を担う街の機能が損なわれたことで，680億ドルの被害が出たと推定されている（NOAA, 2013）．また，2013年には台風30号（アジア名：ハイエン）がフィリピン中部を中心とした地域に高潮や暴風による被害をもたらし，7000人以上の死者・行方不明者が出た．

台風災害は，徐々に軽減されてきているとはいえ，いまもって現実的な脅威なのである．

◇◇◆ 2.2 強風被害 ◆◇◇

台風といえば，強風災害を思い浮かべる人が多いだろう．後述する台風の階級（表3.3）においても，台風の中心気圧ではなく風速を台風の階級の基準に使うのは，風の強さが災害と直接関係することが多いからである．正確にいうと，ここでいう「風速」とは，地上から10 mの高さの10分間平均の風速のことであり，その最大値を最大風速と呼んでいる．瞬間的にはもっと強い風が吹いていて，3秒間の平均風速の最大値を最大瞬間風速と呼ぶ．最大瞬間風速は最大風速の約1.5～2.0倍になると考えられている．人間の身長ぐらいの高さでは，高度10 mで吹く風よりも2～4割弱い風が吹いているが，瞬間的には最大風速よりも強い風が吹くことがあると覚えておいた方がよいだろう．

テレビなどでは図2.3のような台風予報の図が示され，台風の移動経路や台風に伴う風の強さなどの情報が伝えられる．台風の予報進路で用いられる円は予報円と呼ばれるもので，各予報時間において台風の中心がこの円内に存在する確率が「70%」であることを意味している．予報時間とともに円が大きくなるのは，台風が巨大化するという意味ではなく，進路予測が不確実になることを表している．また，現時点においての風速15 m/sを超える強風域と風速25 m/sを超える暴風域，それから，将来的に暴風が吹く可能性の高い暴風警戒域も同時に示される．

62人の死者を出し，リンゴをたくさん落としたことから「りんご台風」とし

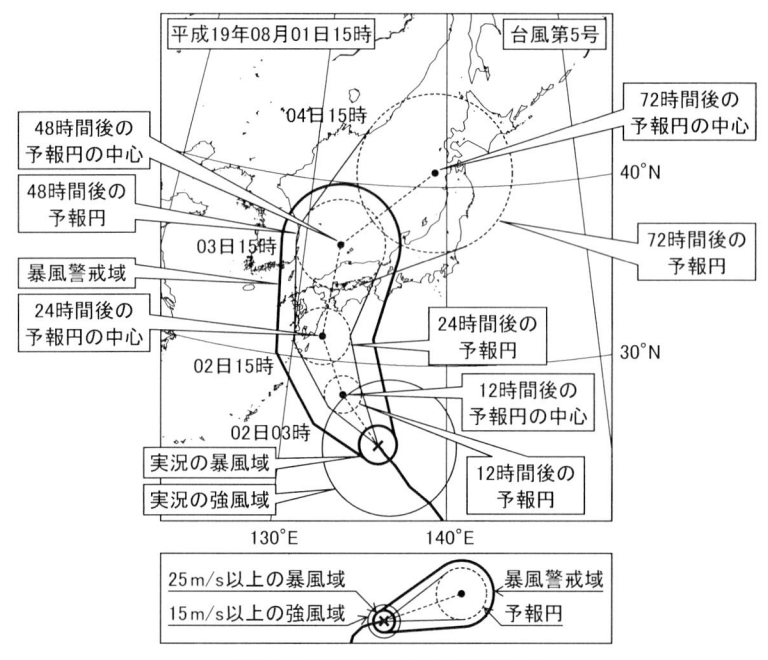

図 2.3 気象庁発表の台風予報の図
(気象庁資料をもとに作成)

て知られる1991年の台風19号では強風による被害が顕著だった．このように，風による被害が大きな台風のことを「風台風」と呼ぶ．りんご台風の進路を図2.4に示しているが，台風は猛烈な勢力を維持したまま日本海を非常に速いスピードで移動していたことがわかる．北半球では，台風に伴う地上付近の風は上から見て反時計回りに吹いているのだが，台風の進行方向に対して右側では，台風の移動速度がこれに加算されるため，一般に風が強くなる．これにより，日本全国の広い地域，特に，台風の進路の右側にあった青森などの日本海側の地域では，非常に強い風が吹いた．最大瞬間風速は阿蘇山で60.9 m/s，青森市で53.9 m/sに達するなど，各地で記録が更新されている．瞬間風速50 m/sと聞くと大したことはないように思えるが，時速に直すと180 km/h，さらに瞬間風速60 m/sは時速に直すと216 km/hだから，新幹線並みの速さの風が吹いていたのである．

　さて，強い風が吹くと何が起こるのだろうか？　気象庁のまとめ（表2.4）によると，風速20〜25 m/sでは「何かにつかまっていないと立っていられない」

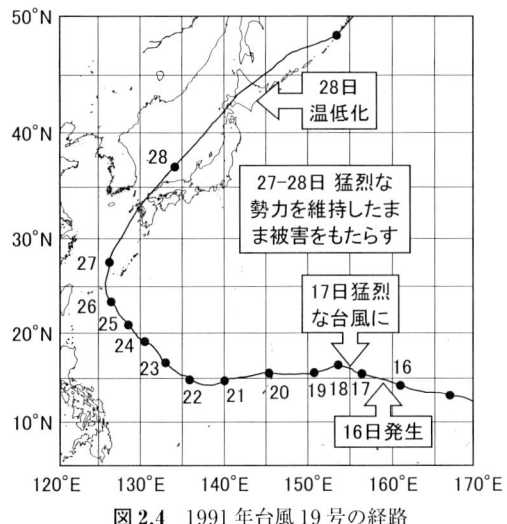

図 2.4　1991 年台風 19 号の経路

「屋根瓦・屋根葺材が飛散するものがある」などとなっており，風速 30 m/s を超えると「看板が落下・飛散する」「走行中のトラックが横転する」などとなっている．

ただし，このような文言だけでは，なかなか台風時の強風を想像することは難しい．そこで，今回，京都大学防災研究所の丸山敬教授にご協力いただき，強風を吹かせる実験装置である境界層風洞実験室（図 2.5 の左上）で，強風時に実際何が起こるのかを，著者たちが身をもって体感することにした．

まずは，風速 5〜8 m/s の実験．重さ約 4 kg の看板が倒れた．重いものならばなかなか倒れないのではないかと想像していたが，風を正面から受けたことにより早々と倒れた．また，風速 10 m/s 付近では，上から吊るした布団が，ほぼ真横になる様子が確認でき，多くのものが風に流されて飛んで行った（図 2.5）．

台風の基準となる風速約 17 m/s を体験してみると，足をすくわれて転びそうな感じではあるが，立っていられないというほどのものではない．実験に参加した著者一同，風を浴びるだけならば，まだまだ余裕があるという感じだった．ただし，この実験の場合は，約 17 m/s というほぼ一定の強さの風を吹かせるため，現実に即した突風は吹いていないという点に十分な注意が必要である．先ほども述べたように，現実の台風において，最大風速が 17 m/s といっ

表 2.4 風の強さと吹き方

風の強さ (予報用語)	平均風速 (m/s)	おおよその 移動速度 (km/h)	速さの目安	人への影響
やや強い風	10以上 15未満	~50	一般道路の 自動車	風に向かって歩きにくくなる．傘がさせない．
強い風	15以上 20未満	~70		風に向かって歩けなくなり，転倒する人も出る．高所での作業は極めて危険．
非常に強い風	20以上 25未満	~90	高速道路の 自動車	何かにつかまっていないと立っていられない．飛来物によって負傷するおそれがある．
	25以上 30未満	~110		
猛烈な風	30以上 35未満	~125	特急電車	屋外での行動は極めて危険．
	35以上 40未満	~140		
	40以上	140~		

た場合には，瞬間的には風速 30 m/s 以上の風が吹いている可能性もあるからだ．

　より現実的な状況を考えた場合，われわれは傘や荷物を持っている．あるいは，物体が風上から飛んでくる．風速 15 m/s において，傘を持って立っていると，傘の柄の部分がねじ曲がり始め，風速 17 m/s に達したところで傘は柄の部分から折れ，風にあおられて飛んで行った．自分が持っているだけならば，傘がなくなるだけでよいかもしれないが，飛ばされてきた傘や石ころが自分にぶつかったらけがをするおそれがある．

　そこで，風に乗ってものが飛んできたときに，それがどれだけ危険かということを示すための実験を行った．今度はエアキャノンと呼ばれる筒状の装置にペットボトルや傘を入れ，高速で物体を飛ばしてガラスにぶつけることにした．速度 30 m/s で水の入ったペットボトルを飛ばして，マンションなどで使われ

(気象庁ウェブサイトをもとに作成)

屋外・樹木の様子	走行中の車	建造物	おおよその瞬間風速 (m/s)
樹木全体が揺れ始める.電線が揺れ始める.	道路の吹流しの角度が水平になり,高速運転中では横風に流される感覚を受ける.	樋(とい)が揺れ始める.	20
電線が鳴り始める.看板やトタン板が外れ始める.	高速運転中では,横風に流される感覚が大きくなる.	屋根瓦・屋根葺材がはがれるものがある.雨戸やシャッターが揺れる.	30
細い木の幹が折れたり,根の張っていない木が倒れ始める.看板が落下・飛散する.道路標識が傾く.	通常の速度で運転するのが困難になる.	屋根瓦・屋根葺材が飛散するものがある.固定されていないプレハブ小屋が移動,転倒する.ビニールハウスのフィルム(被覆材)が広範囲に破れる.	40
		固定の不十分な金属屋根の葺材がめくれる.養生の不十分な仮設足場が崩落する.	50
多くの樹木が倒れる.電柱や街灯で倒れるものがある.ブロック壁で倒壊するものがある.	走行中のトラックが横転する.	外装材が広範囲にわたって飛散し,下地材が露出するものがある.	60
		住家で倒壊するものがある.鉄骨構造物で変形するものがある.	

る一般的な厚さ5mmのガラスにぶつける実験では,ペットボトルが割れ,中身が外に飛び出た.30m/sと聞くと大したことはないように感じられるかもしれないが,時速に直すと約110km/hである.草野球のピッチャーが投げるボールと同じスピードで500gの物体が飛んでくることを想像してほしい(ちなみに野球のボールの重さは140g程度である).ガラスは割れなかったので,ガラスの耐久性にほっとしたところもあるが,丸山教授によると,何度か試すと同じ条件でも割れることもあるのだという.今回の実験には新品のガラスを使用したが,ガラスの耐久性も年を追うごとに落ちていくので,家に長らく備え付けているガラスであれば,実験結果は違ったかもしれない.

さらに速度を上げ,速度50m/sで傘を木造建築などで一般に使われる厚さ3mmのガラスにぶつけた.ガラスは猛烈な音を立てて割れ,破片は遠くまで飛び散った(図2.6).安全のため,装置から10m近く離れて実験を見ていた

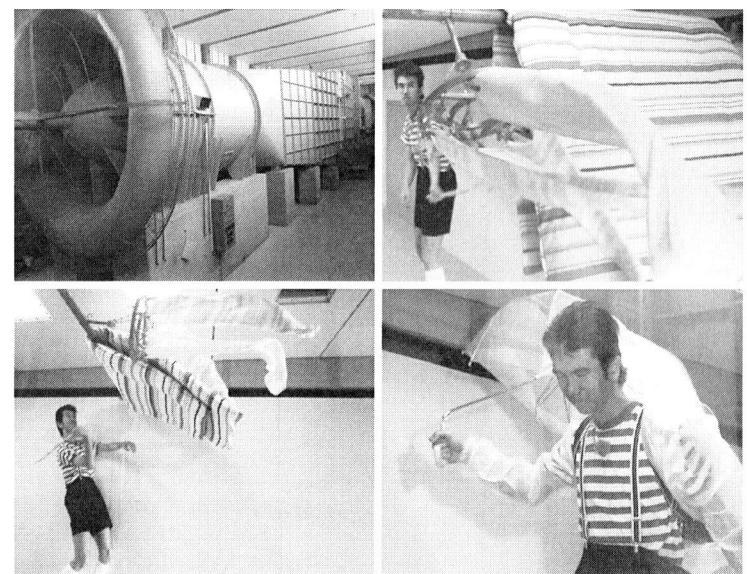

図 2.5 風洞実験の様子
左上：京都大学防災研究所境界層風洞実験室．右上：風速 5 m/s．左下：風速 10 m/s．右下：風速 15 m/s．風速 15 m/s では傘が折れ曲がっている様子がわかる．このあと，風速 17 m/s となったところで，傘は折れて飛んで行った．

図 2.6 飛翔速度 50 m/s で厚さ 3 mm のガラスにプラスチック製の傘をぶつける実験
傘は弾丸のごとくガラスを貫通した．

が，自分の頭上に小さなガラスの破片が飛んできた．速度が少し遅い 30 m/s で傘を厚さ 5 mm のガラスにぶつける実験でも，傘の衝突によってガラスが粉々になった．今回は実験を行わなかったが，速度 50 m/s では，スリッパや水にぬれた新聞紙などをぶつけただけでもガラスが割れたことがあったそうである．飛翔物の速度と風速とが現実の状況でどのような関係にあるかは，観測が難しいこともあり，あまりよくわかっていない．しかし，被害状況から判断す

ると，おおむね最大風速の8割程度で飛ぶと推定されている．

今回の実験を通じて，現実の台風状況下においてさまざまなものが飛んでくることの恐ろしさを体感することができた．街中であのように高速でペットボトルや傘が自分に向かってきたら避けようがなく，大けがをするに違いない．強風に伴うけがを避けるためには，ガラスが飛び散らないような工夫をすることと屋外をむやみに出歩かないことが重要であるといえよう．ちなみに，このときに撮影した一連の映像を，インターネット上の動画サイト"YouTube"の以下のサイトにて公開している．実験を企画した著者としては，この動画をぜひ多くの方にご覧いただきたい．風速の数値を気にしながら映像を見ることにより，台風に伴う風の脅威をより実感できると思う．

http://www.itonwp.sci.u-ryukyu.ac.jp/distribution.html

https://www.youtube.com/watch?v=27a---mWagA

［ハイスピードカメラの映像は京都大学　防災研究所　丸山敬教授提供］

現実の台風が接近した際，家屋はどれだけ被害を受けているのだろうか？　林と光田（1992）は，伊勢湾台風や室戸台風などといった風台風についての被害状況を調べている．1991年の台風19号の事例では，最大瞬間風速が50 m/s程度の地域でもおおむね全壊率は0.1%以下となっているが，それでも，全壊家屋は1056軒，半壊家屋1万3482軒，一部損壊66万5616軒あり，日本にある家屋の1.62%が何らかの被害を受けた．近年では，2004年の台風18号が1991年の台風19号と似たようなコースを通り，九州北部に大きな被害を出している．このケースでも，家屋の被害率と台風の中心位置を見比べてみると，台風の進路の右側で大きな被害が出ている．

人的被害を考えた場合，家屋の外にいるときに亡くなっている方が多い．これらは，屋根の上で作業をする，外を歩いていてものが倒れてきたり飛んできたものにあたったりするなどの理由によるものである．特に，台風の中心が非常に接近した場合には，台風の眼の領域に入り風速がいったん弱くなるため，「もう強風は吹かないだろう」と早計に判断して外に出てしまう人もいる．台風の現在位置と強さは，テレビやインターネットで容易に入手することができるので，何か作業を行うにしても，台風が通過したことを確認したうえで作業にあたるべきである．

台風の接近に伴って，自分の住んでいる地域で風による被害が出るかもしれないと予想される場合，基本的には，前述のとおり家屋の中の安全なところに

いるのがよいと考えられる．しかし，死亡にいたらないまでも，家の外から瓦などの物体が飛んできてガラスにぶつかり，割れたガラス片によってけがをする，というケースは非常に多い．事前の準備として，強風によるけがを避けるためには，ガラスを「合わせガラス」にする，ガラスの飛散防止フィルムを貼る，家を建てる際に瓦を強固にとめてもらうなどの対策が考えられるだろう．また，台風が接近してきてから対処することになった場合には，雨戸を閉める，カーテンを閉める，窓にガムテープを貼るなど，割れたガラス片が散らばるのを防いで，ガラス片によってけがをしないように心がけることが必要である．

◇◇◆ 2.3 高潮被害 ◆◇◇

　過去300年間で最も死者・行方不明者の多かったといわれているシーボルト台風（1828）（記録が正確ではないため，表2.1からは除外している）や伊勢湾台風においては，高潮による被害が甚大であった．高潮は，台風などによる気圧の低下や強風によって潮位が異常に上昇する現象で，その持続時間は一般的には数時間から1日程度である．潮位とは，基準面から測った海面の高さのことで，規則的に発生する潮の満ち引き（潮汐）による変動（天文潮位）が有名である．月と地球の位置関係によって半日周期で潮位が変動する潮汐がよく知られているが，太陽の位置に関係したものや公転周期に関係したものなど，実際には多くの周期が存在する．半日周期で変動する成分によって最も潮位が高くなることを「満潮」と呼ぶ．「大潮」というのは，月・太陽・地球が一直線に並び，潮位の高低差が激しくなる日のことであり，月に2回の頻度でおとずれる．このような天文潮位は，規則的な成分の重ね合わせでよく近似することができ，その時間変動は高い精度で予測できる．

　台風の接近と大潮時の満潮が重なると，高潮と天文潮位が重なり，潮位は非常に高くなる可能性があるので警戒が必要である．さらに，図2.7に示すように，高波は高潮で通常よりも潮位が高くなった上に乗っかる形で発生するので，堤防などの設計においては，天文潮位に加え，高潮と高波の効果を考慮することが重要である．万が一，堤防が決壊した場合や水位が堤防を超えた場合，周囲では急激に水かさが増すため，非常に危険な状態となる．低気圧の接近や冬型の気圧配置で吹く北風によっても潮位は高くなり得るが，過去100年間に潮位が2mを超えたのはすべて台風に伴うものであるという報告がある（宇野

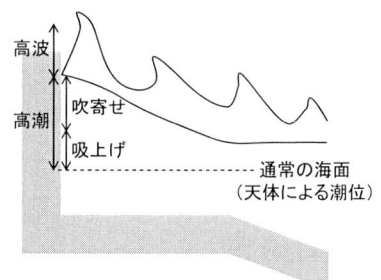

図 2.7 高潮と高波の模式図
影は堤防や海底を表す．

木，2012）．ちなみに，津波によっても潮位は変化するが，高潮は気圧や風などの気象要素が外力として作用する場合の潮位変化，津波は地震や火山活動などの地殻変動が外力として作用する場合の潮位変化として区別されており，英語でも高潮は「storm surge」，津波は「tsunami」と区別されている．また，古来は高潮を「風津波」「暴風津波」「気象津波」とも呼んだが，現在は死語となっている（高野，2014）．

　高潮を説明する主なメカニズムは「吸上げ効果」（図 2.8）と「吹寄せ効果」（図 2.9）である．このほか，降雨によって海面が上昇する効果もあるがその寄与は小さい．

　まずは吸上げ効果について説明する．吸上げ効果は，身近な例で例えると，ストローでジュースを飲むことと同じである．ストローを口にくわえて吸い込むと，コップのジュースはストロー内を駆け上がって口まで到達する．これをもう少し科学的に見ると，空気を吸い込むことによって，ストロー内の気圧が減少し，結果としてジュースが口まで届いたことになる．つまり，気圧の減少がジュースの「水位」を上げたのである．台風の中心付近では，気圧が低いため同様のことが起こる．これは，イメージとしては，台風中心付近に突き刺さったストローを，誰かが上から吸い込んでいるのと同じことである．気圧が 1 hPa（ヘクトパスカル）低くなると水位はだいたい 1 cm 高くなるので，中心気圧が 950 hPa の台風が近付いた場合には，通常時の状態（1000 hPa）よりも中心付近で海面は 50 cm 程度高くなる．

　もう 1 つの吹寄せ効果とは，風が沖合から陸に向けて吹き続けることで海水を陸に押しつけようとする効果である．吸上げ効果は台風の通過に伴う気圧の

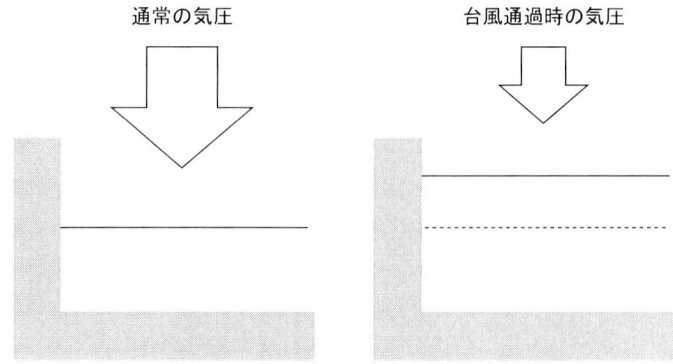

図 2.8　台風に伴う吸上げ効果の模式図

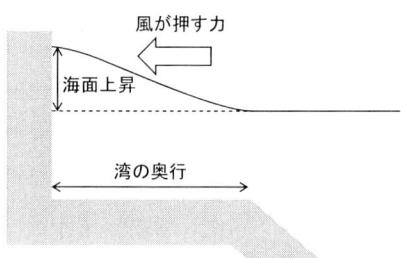

図 2.9　台風に伴う吹寄せ効果の模式図

低下により海面が上昇する効果であったが，吹寄せ効果は台風の風に起因する．吹寄せ効果では，風が強く，湾の奥行きがあるほど海面の上昇幅は大きくなる．また，風が海水を陸地に押そうとする力は，海水全体を動かすのに使われるので，海が深ければ，海面に現れる変位はわずかになる．伊勢湾では甚大な高潮災害が発生したにもかかわらず，ほぼ同じ広さを持つ駿河湾で似たような高潮災害がほとんど起きていないのは，駿河湾の水深が深いことが理由のひとつである．

　吹寄せ効果を考えると，台風が日本に接近してきた際の高潮で特に注意しなければならないのは，太平洋側や九州西側で浅い湾が開いているような場所で，かつ，湾が台風の進行方向の右側に位置する場合である．図 2.10 は高潮で甚大な被害が出た伊勢湾台風の進路を示している．この図からもわかるように，台風は紀伊半島を縦断し伊勢湾の西側を通るような進路をとっており，ちょうど

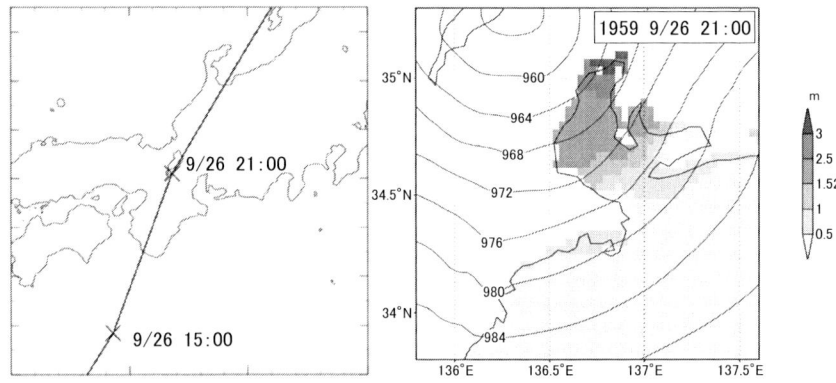

図 2.10 左：気象庁ベストトラックにもとづいた伊勢湾台風の進路
右：伊勢湾台風再現実験プロジェクトにおける高潮の再現結果
右図は台風通過に伴う潮位偏差を示している（Kawabata et al., 2012）.

高潮が起こりやすい状況にあった．結果として，伊勢湾台風では，湾の最奥部で 3.89 m という記録的な潮位が観測された．伊勢湾台風の通過後には，陸地に入り込んだ水がなかなか引かず，湛水が 3 か月も続いた地域もあったという（図 2.2）．

意外に思われるかもしれないが，伊勢湾だけでなく，東京湾や大阪湾といった人口密集地帯もかつて激しい高潮災害が生じた地域である．それも，1 回だけではなく，1900 年以降，東京湾では 2 回，大阪湾にいたっては 4 回も 2 m 超級の潮位偏差に見舞われている．

東京湾の例でいうと，1917 年（大正 6 年）に湾の西側を通った台風によって，推定 3.8 m の高潮が生じ 1300 人以上の死者・行方不明者が出ている．この高潮災害は関東大水害と呼ばれている．実は，ある程度の強さの台風が東京湾の西側をひとたび通過すれば，現在でも東京湾でひどい高潮が生じ得るし，将来の温暖化気候においては，さらにひどい高潮災害が起こる可能性があるという研究報告がある．

多くの財が港湾部に集中していることを考えたとき，高潮災害が数時間以上という持続時間を持つ現象であることや，かつて都市部で大きな被害が生じたことは，多くの人が知っていなければいけないことだと思う．それにもかかわらず，このことはあまり知られていない事実ではないだろうか．その理由の 1 つは，東京湾では 70 年以上，大阪湾では 50 年近く，そのような湾の西側を通

る強い台風に「運よく」見舞われていないためであろう．また，伊勢湾台風に関しても，2010年の調査では認知度が12.6%となっており，災害記憶の劣化が心配される（東京大学総合防災情報研究センター調べ）．

　2012年には，サンディが世界経済の中心地ニューヨークを襲い，金融市場を混乱におとしいれたが，ニューヨークにおける被害の多くは高潮によるものであり，港湾部を少し離れたところでは被害がそれほど出ていない．サンディがニューヨークに向かう可能性が高いとわかってからは，行政側は早めの対策を打った．例えば，上陸の3日前の時点でニューヨーク市長が記者会見で注意を呼びかけたほか，直前には低地に住む人への避難勧告・地下鉄閉鎖といった対策を行っている．ただ，高潮災害がどのようなものかを想像できなかった人も多かったと想定され，「人種のるつぼ」であるニューヨークでは，英語での情報が十分に伝わらず，中国語やスペイン語を話せるボランティアが急きょ集められたという．また，2013年の台風30号に伴う高潮によって，レイテ島を中心とするフィリピン中部の島々に甚大な被害が生じた．被災者はフィリピン総人口の1割にあたる1000万人規模に達し，倒壊などの家屋被害は100万件以上，5000人以上が命を失ったとされている．レイテ島を中心とする地域は大きな高潮災害が頻繁に起きるわけではない．タガログ語などには高潮を的確に表現する単語はなく，メディアでは「ストーム・サージ」という英語がそのまま使われていたという（毎日新聞Web版2013年11月25日）．高潮が長い持続時間を持つ現象であることを多くの住民が知っていれば，被害を軽減させられたのではないか，と考えられる．

　今後，東京や大阪で高潮が起きないという保証は全くない．もちろん，防潮堤は過去の顕著な災害をもとに設計されているゆえ，ある程度の台風には耐えられると想像される．ただし，大きな災害は，いつも人間の想像を超えてやってくるものである．万が一の場合には，予断を持たずに，行政機関の出す情報をこまめにチェックしたい．自分の家や会社が港湾部にあるという人は，一度ハザードマップ（例えば，国土交通省ハザードマップポータルサイト http://disapotal.gsi.go.jp/）などに眼を通し，いざというときの避難経路など対処について考えをめぐらせておくことをお勧めしたい．台風が近付くと，単に水位が上がるだけでなく，大雨や強風が吹き出すため，避難も難しくなる．早めに危険な地域から離れた方がよい．

◇◇◆ 2.4 豪雨被害 ◆◇◇

　高潮・強風のほかに，台風に伴って大きな被害を生じさせるのが豪雨である．2011年台風12号では，死者・行方不明者が98人に達したが，紀伊半島における豪雨によって亡くなられた方が多数を占めた．国土交通省の観測点である大台ヶ原では台風に伴う総雨量が2433mmに達し，奈良県の北川上村にあるアメダスでは総降水量が1808.5mmという凄まじい値が記録されている．日本の平均的な年間降水量が1700mmなので，1年間に降る降水量と同じだけの量が，わずか数日の間に降ったことになる．このように大雨による災害が顕著な台風のことを，「雨台風」と呼ぶ．台風に伴う降水には，台風自身による直接的な降水と，台風が間接的に影響して引き起こされる降水があるが，どちらも重要なので順番に説明していこう．

　まずは，台風自身による降水である．4章で詳細な台風の降水分布を解説するが，台風の雲域は台風の中心からおよそ数百kmまで広がっている．このうち，最も激しい雨が降るのは，眼の壁雲と呼ばれる台風中心付近である．台風の強度が強いときには，一般に，この領域で降る雨の量も多くなる．また，近年の研究によって，壁雲の中でも雨の強いところと弱いところがあり，台風近傍領域の下層と上層の風の違いに依存して，その領域が決まることがわかってきた（上野・山口，2012）．詳細は割愛するが，上層の風から下層の風を引き算した方向を正面として，前方からその左側で降水が最大値を示すことが多い．また，台風の外側に位置するレインバンドと呼ばれる降雨帯からも強い雨が降る．2014年の台風8号ではレインバンドに伴う激しい雨が観測され，沖縄本島では観測史上1位となる雨量を記録した地点も多かった．

　台風から離れていても，例えば山岳地帯では，台風が海からの湿った空気を持続的に運び，激しい豪雨を引き起こすことがある．冒頭で述べた2011年台風12号に伴う紀伊半島の豪雨も，山地が存在することでもたらされたものである（図2.11）．このときの降水を見てみると，紀伊半島の太平洋側でも，南東斜面側で大雨になっている．この地域では，台風に伴う南東の風が強く，非常に湿った空気が山地にぶつかったことで強制的に上昇流が生じ，大量の雨が降ったと考えられる．加えて，台風12号が非常にゆっくりと北上したという点も長時間にわたり多量の雨を降らせる大きな原因となった．

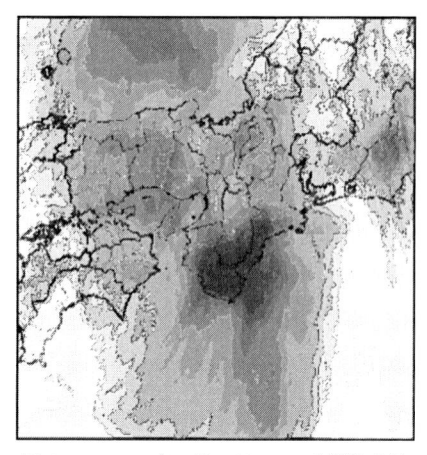

図 2.11 2011 年 9 月 4 日の 24 時間降水量
台風 12 号が四国に上陸した際の降水分布.
(気象庁のウェブサイトをもとに作成)

　台湾では，2009 年台風 8 号の来襲により，4 日間における総降水量が台湾中央部に位置する阿里山で 2700 mm 以上となるなど記録的な豪雨となり，その少し南側に位置する高雄縣小林村は村の大部分が深層崩壊によって埋まり，ほぼ壊滅状態となった．このときも，土砂被害が大きかったのは山間部であり，台風がゆっくりと移動していたことが大雨の原因となった．
　日本付近における台風の降水を考えるうえで忘れてはいけないのが，台風の遠隔作用である．以前から，台風がはるか南の海上の離れた地域にあっても，台風の影響を受けて日本列島に豪雨が生じているのではないかと考えられてきた．図 2.12 は，数値シミュレーションにより，2004 年台風 18 号がまだ日本のはるか南海上にあったときの降水分布を再現したものである (Wang et al., 2009)．現実と同じ条件で行ったシミュレーションでは，台風中心付近および本州太平洋側でも帯状にかかる強い降水域が再現されている．ここで，「もしも台風がなかったら」という条件でシミュレーションを行ってみる．すると，台風中心付近の降水が発生しなくなるだけでなく，本州太平洋側の降水もほとんど発生しなくなった．この 2 つのシミュレーション結果から，南海上の台風に伴う風が暖かく湿った空気を日本列島へ運び，本州太平洋側で激しい雨をもたらしていたという因果関係が示された．このほかにも，梅雨前線や秋雨前線などが長雨をもたらしている時期に，数千 km も離れた南海上の台風の遠隔作用

2.4 豪雨被害

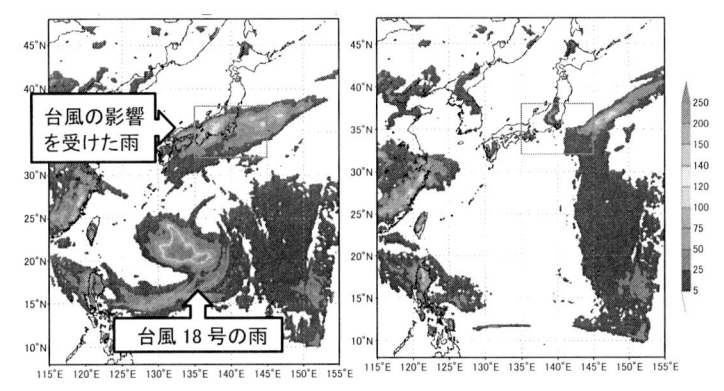

図 2.12 2004年台風18号が日本の南岸にあるときの2つのシミュレーション結果．影は48時間総降水量を示す．左：現実とほぼ同じ設定，右：台風の渦を外した設定．

が加わることでさらに各地で豪雨となり，甚大な災害が起きているという研究報告は多い（Yoshida and Itoh, 2012）．

さて，雨の降り方が激しいときには，いったい何が起こるのであろうか？ 気象庁によれば，1時間雨量が50 mm を超えると，「雨は滝のように降り傘は全く役に立たない」「都市部では地下室や地下街に雨水が流れ込む」「土石流が生じるなどの災害が生じやすくなる」（表2.5）としている．気象庁は「大雨注意報」や「大雨警報」によって注意や警戒を呼びかけることになる．また，洪水のおそれがある場合には，流域の雨量なども参考にしつつ「洪水注意報」や「洪水警報」を発表することになる．さらに，本章の冒頭で述べたとおり，その地域で数十年に一度程度しか起きないような豪雨が想定されるときには「大雨特別警報」が発表される．

気象庁が発表する注意報や警報には，市町村単位で異なる基準が用いられている．自分が住んでいる地域の基準については気象庁のホームページ（http://www.jma.go.jp/jma/kishou/know/kijun/index.html）で確認することができる．被害のおそれがどれだけあるかについては，事前に，ハザードマップ（例えば，国土交通省ハザードマップポータルサイト（p.24））を確認しておくことが役に立つだろう．

台風の接近に伴い土砂災害発生の危険度が高まった場合には，都道府県と気象庁が共同で土砂災害警戒情報を発表する（http://www.jma.go.jp/jp/dosha）．

表 2.5 雨の強さと降り方

1時間雨量（mm）	予報用語	人の受けるイメージ	人への影響	屋内（木造住宅を想定）
10以上～20未満	やや強い雨	ザーザーと降る.	地面からの跳ね返りで足元がぬれる.	雨の音で話し声がよく聞き取れない.
20以上～30未満	強い雨	どしゃ降り.	傘をさしていてもぬれる.	
30以上～50未満	激しい雨	バケツをひっくり返したように降る.		
50以上～80未満	非常に激しい雨	滝のように降る（ゴーゴーと降り続く）.	傘は全く役に立たなくなる.	寝ている人の半数くらいが雨に気が付く.
80以上～	猛烈な雨	息苦しくなるような圧迫感がある．恐怖を感ずる.		

（注1）「強い雨」や「激しい雨」以上の雨が降ると予想されるときは，大雨注意報や大雨警報を発表し
（注2）猛烈な雨を観測した場合，「記録的短時間大雨情報」が発表されることがある．なお，情報の
（注3）表はこの強さの雨が1時間降り続いたと仮定した場合の目安を示している．この表を使用する
①表に示した雨量が同じであっても，降り始めからの総雨量の違いや，地形や地質などの違いによっ
②この表は主に近年発生した被害の事例から作成したものである．今後新しい事例が得られたり，表

　この情報は，降雨から予測可能な土砂災害について，災害が起こる危険度が非常に高いことを示す情報である．土砂災害が起こるか否かはさまざまな条件によって異なるため，地域・時間・規模を特定して予測することは現在の技術をもってしても難しい．しかし，自分の住んでいる地域が「土砂災害危険地域」にあたるならば，強雨に対し早めに避難する心積もりが重要である．さらに，地域ごとの危険度を見やすく表示したものとして土砂災害警戒判定メッシュ情報（http://www.jma.go.jp/jp/doshamesh/index.html）が気象庁の防災気象情報として提供されている．これは，インターネットを通じて確認することができるので，情報収集にぜひ役立てていただきたい．

　どれだけの降水で浸水被害や土砂災害，洪水などが生じるかは，単純にはいえない．というのも，数十分から1時間程度の短時間降水によって川が増水し

2.4 豪雨被害

(気象庁ウェブサイトをもとに作成)

屋外の様子	車に乗っていて	災害発生状況
地面一面に水たまりができる.		この程度の雨でも長く続くときは注意が必要.
	ワイパーを速くしても見づらい.	側溝や下水,小さな川があふれ,小規模のがけ崩れが始まる.
道路が川のようになる.	高速走行時,車輪と路面の間に水膜が生じブレーキが効かなくなる(ハイドロプレーニング現象).	山崩れ・がけ崩れが起きやすくなり危険地帯では避難の準備が必要.
		都市では下水管から雨水があふれる.
水しぶきであたり一面が白っぽくなり,視界が悪くなる.	車の運転は危険.	都市部では地下室や地下街に雨水が流れ込む場合がある.
		マンホールから水が噴出する.
		土石流が起こりやすい.
		多くの災害が発生する.
		雨による大規模な災害の発生するおそれが強く,厳重な警戒が必要.

て注意や警戒を呼びかける.なお,注意報や警報の基準は地域によって異なる.
基準は地域によって異なる.
際は,以下の点に注意すること.
て被害の様子は異なることがある.
現など実状と合わなくなった場合には内容を変更することがある.

被害が生じることもあるし,降り始めからの総雨量が多くなり,地盤が緩くなることによって被害が生じることもあるからである.都市域などにおいては低地に水がたまる氾濫に注意をしなければならないし,山間部においては土砂災害に注意をしなければならない.また,ひとくちに土砂災害といっても,地形・地質の違いによって被害の程度は異なる.例えば,2011年の台風12号においては,1時間の降水量が100 mm を超えないが,4日間という長期にわたって数十mm の雨が長く降り続いた地域があり,その地域では長期間の持続的な降水が原因となって,土砂災害が起こった.

土砂災害の種類としては,「がけ崩れ・地すべり・土石流」が挙げられる(図2.13).斜面が雨水の浸透などによって緩んで崩れ落ちるのが「がけ崩れ」,斜面の一部または全部が斜面の下方へと移動するのが「地すべり」,そして,川底

図 2.13 2011 年台風 12 号に伴う土砂災害の様子
左：山腹の深層崩壊により発生した土石流によりもとの風景がわからなくなるほど押し潰された集落．右：外壁を突き破って家の中まで押し寄せた土石流．
（平成 23 年台風第 12 号による災害の記録（©田辺市））

や山腹の土砂や石が雨によって一気に下流に押し流されるのが「土石流」である．もし，がけにひび割れがあったり，地鳴りや山鳴りが聞こえた場合には，近隣の住民にも知らせ，ただちに安全な場所に避難するべきである．ただし，前兆現象を示す音が豪雨によってかき消されているかもしれず，前兆がないこともある．また，河川の氾濫のおそれがある地域や低い土地で水がたまりやすい場所では十分に注意する必要がある．何よりも事前に，自分が住んでいる地域がどのような場所であるのかを調べておくことが大事である．雨が非常に強くなると，外出することですら困難を伴う．猛烈な雨が予想される場合には，安全な地域に移動するなどなるべく早い段階で対策を打つことを心がけるべきである．万が一，浸水から逃げられない状況になった場合には，外に出るよりも建物の高いところに上がるようにし，家屋が山の斜面に面しているところでは，斜面と反対側の上の階の部屋に移動することで少しは安全になる．

　台風に伴う降水を正確に予報するのはなかなか難しいのだが，2011 年台風 12 号のケースでは，降水量を若干過小評価していたものの，紀伊半島の山間部において，近年まれに見る降水となることは比較的予測できていた．経験したことのない事態を想定するというのは非常に難しいことである．一方，最近では，インターネットの動画サイトなどで過去の大規模地すべりなどの土砂災害を閲覧することもできるようになっている．このような災害の映像は，その恐ろしさを直感的に理解させてくれるだけでなく，災害に備えることの重要性を再確認させてくれる．

コラム 1 ◆ 台風の横顔シリーズ：台風は空飛ぶ給水車！

　日本は，世界的に見ても雨の多い国である．年間平均総降水量は約 1700 mm であり，世界の陸地平均の年間降水量 810 mm の 2 倍を上回る．しかし，国民一人あたりの水資源が豊富かといえば，そうではない．日本人 1 人あたりが年間で使用できる水はおよそ 5000 m^3 となり，世界平均 16000 m^3 の 3 分の 1 を下回る．豊富なようでいて，貴重な水．その大事な水資源を供給する三本柱は，梅雨，降雪，そして台風．台風の襲来は，日本各地に大きな被害を出している反面，実は日本の水資源を支えている．

　2005 年，夏の終わり，四国の水がめ早明浦ダムには，8 月までまとまった雨が降らず，ダムの水は底をつき，貯水率はついに 0%．連日のニュースや新聞では，渇水や取水制限で困る人々，徐々に水かさを減らしていく早明浦ダムが映し出されていた．皆が頭を抱えていたそのとき，いつもであれば嫌われ者？のアイツが助けにやってきた．

　8 月 29 日にマリアナ諸島近海で発生した台風 14 号は，北よりの進路をとり西日本に接近，9 月 4 日には九州西部に上陸，熊本県や長崎県を通過した．9 月 4 日夜から断続的に四国地域で降り始めた雨は，9 月 6 日に 1 日かけての大雨となった．図 2.14 は，大雨になる前と後の早明浦ダムの写真である．この 1 日の大雨は，約 2 億 4800 万 m^3 もの水をダムに貯めた．およそ東京ドーム 200 杯という量である（見方を変えれば，早明浦ダムは，この大量の水を貯留することで，下流河川の水位急増や氾

図 2.14 2005 年 9 月 5 日と 7 日の早明浦ダムの写真
（（独）水資源機構池田総合管理所提供）

濫を防ぐ役目を立派に果たしていた).ダムの貯水率は,1日で0%から100%になった.たった1つの台風が,早明浦ダムを一変させ,人々の乾きを潤した.まさに,台風は「空飛ぶ給水車！」となった.

◇◇◆ 2.5 そのほかの台風被害 ◆◇◇

これまで,高潮・強風・強雨について説明してきた.このほかに,台風による被害としてよく知られているのは高波に伴うものである（図2.7）.台風の近傍では,強い風が吹くことによって波が立つ.特に,台風の移動方向の右側では波が発達しやすい.これは,台風の進行方向右側でより強い風が吹いている（2.2節）のと,波浪が強い風に押され続けるという状況になっているためである.ただし,台風の移動方向の左側でも,洋上では波高が数mに達するので,十分な注意が必要である.このようにして,台風の中心付近の風が強いところで発達した波のことを風波というが,外洋域において風波は10m以上に達することもある（図2.15）.沿岸でも,高潮に加えて高波が押し寄せるので十分な注意が必要である.

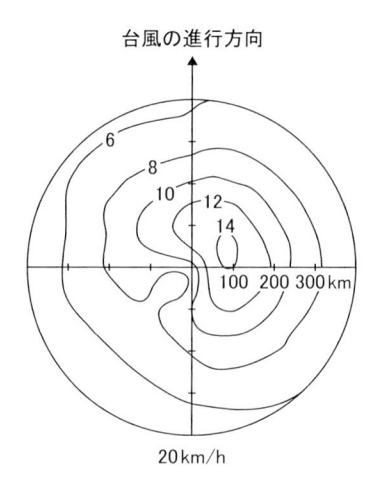

図2.15 時速20kmで北進する台風に伴う波浪の数値シミュレーション
数字は波高を表している（宇治,1975).

図 2.16 2006年台風13号に伴って発生した竜巻によって横転した列車
（福岡管区気象台提供）

　波浪には，風波のように強風域で発達する成分のほか，強風域を抜けて高速で伝播する成分もある．これを「うねり」という．うねりによって，台風から遠く離れていて風が吹いていない場合でも，波が高くなることもある．例えば，夏から秋にかけて太平洋側に高い波が打ち寄せることがあり，「土用波」と呼ばれているが，これらの多くは，南洋上にある台風が引き起こしたうねりの場合が多い．このような波は船舶にとって大きな脅威となるため，十分に留意する必要がある．

　ほかには，海から強烈な風に伴って運ばれてくる塩による被害（塩風害）が知られている．これは，海岸に近い地域において，海から塩分の高い水が内陸部まで運ばれ，それが付着することによる農業被害や停電などが引き起こされるというものである．また，強雨のあとには，雨水がたまったダム湖（河道閉塞）と呼ばれるものが形成されることがある．これが決壊すると土石流が生じるなどの二次災害を誘発する恐れがあるので，適切な避難指示や排水作業といった対策がとられることになる．

　台風が通過することによって，竜巻が発生することも多い（詳細は 4 章）．例えば，宮崎県延岡では，2006 年の台風 13 号の通過に伴って竜巻が発生し，JR 日豊本線の車両が脱線し横転したほか，3 名の死者が出ている（図 2.16）．気象庁の発表によれば，1991 年から 2012 年の間に陸上で発生した竜巻のうち，気象条件として台風が存在したものは 60 個に達しており，寒冷前線や寒気・暖気の移流などと並んで，台風が竜巻発生の主要な原因の 1 つとして知られている．

コラム 2 ◆ 伝説のビッグウェーブ・コンテスト

　1989 年に開催されて以来一度も開催されていなかった「イナムラクラシック」という伝説のビッグウェーブサーフィン大会が 2013 年 9 月 26 日，24 年ぶりに神奈川県鎌倉市の稲村ヶ崎で開催された．この大会は，かつて「ナガヌマクラシック」という名称で 2 回開催されたのち，1989 年に「イナムラクラシック」と名称を変えて，第一回大会が行われて以来，一度も開催されることなく 24 年が経過したという伝説の大会で，伝説のビッグウェーブを待つサーファーたちを描いた桑田佳祐監督の映画「稲村ジェーン」のモデルである．

　コンスタントに波が訪れるような場所では大会の開催期間は事前に決まっているのだが，この大会では，台風や激しい低気圧に伴う大波での技術を競う．そのため，開催が決定されると，主催者から出場者に急きょ連絡が入るのである．

　台風に伴う…といっても，台風直下の吹きすさぶ風のもとで行われるわけではない．2.5 節で説明したとおり，台風の周囲で立った高い波は遠くに「うねり」として伝播していくため，必ずしも強風域でなくても高い波は存在する．また，湘南でサーフィンをする人々の間では，北風が吹くと大きな波がやってくるといわれている．南から北に波が向かうことを考えると，北風が吹いてしまっては高い波にならない気がする．しかし，高いうねりが浜に打ち寄せる際には，地形効果によって波が前のめりに崩れてしまうところ，向かい風（北風）が吹くことで波の形が維持されやすくなる，というカラクリがある．

　2013 年は，台風第 20 号が小笠原諸島の東にそれていたにもかかわらず，稲村ヶ崎の波は最高で 5 m にも達していた．湘南はちょうど台風の西側に位置していたため，高いうねりと北風に恵まれ，トッププレイヤーの技量に多くの観衆が魅了されたという．果たして，次回の開催はいつになるのであろうか．

3

数字で見る台風

　この章では，台風を客観的かつ具体的に理解するために，台風にまつわる数字や記録を紹介する．台風という現象の定義から始まり，台風の発生数や強度，移動距離，日本への上陸数など，過去60年以上の膨大なデータから見えてくる台風の特徴を徹底解剖する．さらに，近年作成された世界中の熱帯低気圧の記録を集めたデータをもとに，本書独自で集計した世界の熱帯低気圧の情報も紹介する．

◇◇◆ 3.1　台風・ハリケーン・スーパータイフーンの定義　◆◇◇

　そもそも台風とは何なのか？　ハリケーン（hurricane）やサイクロン（cyclone）とは何が違うのか？　大まかにいうと，地域によって呼び方が違うだけであって，台風もハリケーンもサイクロンも同じ熱帯低気圧という現象である（図3.1）．熱帯低気圧とは，熱帯や亜熱帯域で発生する低気圧の総称である．台風やハリケーンなどは，この熱帯低気圧の中で強いものを指している．

　気象庁による台風の定義は，「北西太平洋に存在する熱帯低気圧のうち，低気圧域内の最大風速がおよそ17m/s（34ノット，風力8）以上の熱帯低気圧」である．北西太平洋とは，赤道より北で，東経100度より東かつ180度より西の領域である（南シナ海などの付属海も含む）．

　台風の定義に関しては，1つ気を付けなければならないことがある．それは，日本語の「台風」と英語の「タイフーン（typhoon）」では強さの程度が異なることである．日本人どうしで会話をするには問題にはならないが，外国人と会話するときは注意が必要である．例えば，英語の「タイフーン」の意味をきち

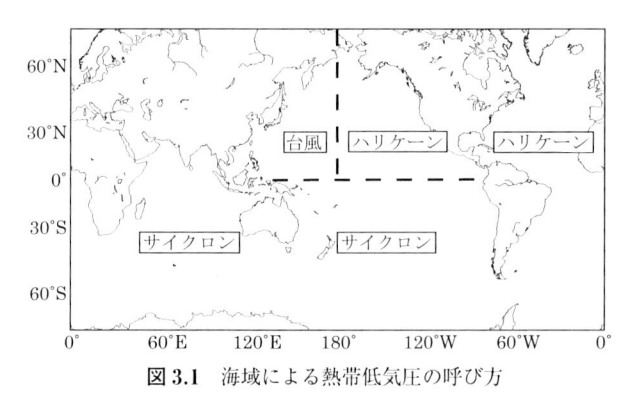

図 3.1 海域による熱帯低気圧の呼び方

んと理解していないと，会話が成り立たないことがある．

表 3.1 は，熱帯低気圧の発生する世界の海域における熱帯低気圧の国際的名称で，強度（風力，または最大風速）ごとに呼び名が異なることがわかる．台風の発生する北西太平洋に注目すると，17 m/s（34 ノット）未満の熱帯低気圧を「tropical depression」，17 m/s 以上 24 m/s（47 ノット）以下の熱帯低気圧を「tropical storm」，24 m/s 以上 32 m/s（63 ノット）以下の熱帯低気圧を「severe tropical storm」，32 m/s（64 ノット）以上の熱帯低気圧を「タイフーン（typhoon）」と呼ぶことがわかる．

前述の台風の定義に戻ると，日本では 17 m/s 以上の熱帯低気圧を「台風」と呼ぶ．別のいい方をすれば，「tropical storm」以上の強度の熱帯低気圧を「台風」と呼んでいる．したがって，32 m/s 以上の熱帯低気圧を表す「タイフーン」と「台風」は意味が異なるのである．「タイフーン」は「台風」であるが，「台風」は必ずしも「タイフーン」であるとは限らない．なぜなら，「タイフーン」の強度まで発達していない可能性があるからである．

表 3.1 に JTWC という表記があるが（最上段の左から 4 列目），これはハワイにある米軍合同台風警報センター（Joint Typhoon Warning Center）と呼ばれる組織で，独自に台風の解析と予報結果の発表を行っている．JTWC も気象庁と同様に風速に応じた熱帯低気圧の呼び名を用いているが，最大風速が 130 ノットを超えるものについては「スーパータイフーン（super typhoon）」という呼び名を用いている．例えば，2013 年 10 月に立て続けに日本に接近した 27 号，28 号や，2 章で紹介した伊勢湾台風やりんご台風もスーパータイフーンに分類される．

3.1 台風・ハリケーン・スーパータイフーンの定義

表 3.1 海域ごと，最大風速によって異なる熱帯低気圧の呼び名

ビューフォート階級	風速[*1]（ノット）	北西太平洋（気象庁）		北西太平洋（JTWC）[*2]	北大西洋，北東・中部太平洋[*2]
0〜6	0〜27	tropical depression	熱帯低気圧	tropical depression	tropical depression
7	28〜33				
8	34〜40	tropical storm		tropical storm	tropical storm
9	41〜47				
10	48〜55	severe tropical storm		severe tropical storm	
11	56〜63				
12	64〜82	typhoon	台風	typhoon	category 1 hurricane
	83〜85				
	86〜89				category 2 hurricane
	90〜95				
	96〜107				category 3 hurricane
	108〜112				
	113〜115				
	116〜119				category 4 hurricane
	120〜129				
	130〜136				
	137 以上			super typhoon	category 5 hurricane

ビューフォート階級	風速[*1]（ノット）	北インド洋	南インド洋	オーストラリア・南太平洋
0〜6	0〜27	depression	tropical disturbance	tropical depression[*3]
7	28〜33	deep depression	tropical depression	
8	34〜40	cyclonic storm	moderate tropical storm	category 1 tropical cyclone
9	41〜47			
10	48〜55	severe cyclonic strom	severe tropical storm	category 2 tropical cyclone
11	56〜63			
12	64〜82	very severe cyclonic storm	tropical cyclone	category 3 severe tropical cyclone
	83〜85			
	86〜89			
	90〜95			category 4 severe tropical cyclone
	96〜107		intense tropical cyclone	
	108〜112			
	113〜115			
	116〜119			category 5 severe tropical cyclone
	120〜129	super cyclonic storm	very intense tropical cyclone	
	130〜136			
	137 以上			

[*1] m/s 単位での風速はノット単位での風速をおよそ 0.514 倍することで得られる．
[*2] 北大西洋，北東・中部太平洋，また JTWC の解析では 10 分平均の風でなく 1 分平均の風が用いられている．
[*3] オーストラリアでは tropical low が用いられている．

表 3.2　1 分平均の最大風速から 10 分平均の最大風速を求める変換係数（K）
(Harper et al., 2010)

10 分平均最大風速 = K×1 分平均最大風速	海上	海岸線で海から陸に吹く風	海岸線で陸から海に吹く風	陸上
K	0.93	0.9	0.87	0.84

　ちなみに，JTWC を含む米国の機関は，最大風速を「1 分間の平均風速の最大値」と定義している．一方，国際標準の最大風速の定義は「10 分間の平均風速の最大値」であり，日本を含む多くの国が採用している．このため，JTWC によって解析される台風の最大風速値は気象庁のものよりも大きくなる傾向がある．1 分平均の最大風速から 10 分平均の最大風速に変換する式として，表 3.2 のような変換式が提唱されている（Harper et al., 2010）．この変換式に従えば，台風が海上にある場合，10 分平均の最大風速がおよそ 120 ノットのとき，スーパータイフーンのしきい値である 1 分平均最大風速 130 ノットに達する．

　台風には，各年の発生順に番号が付けられる．また，番号のほかに星座や動物などの名前も付けられる．台風委員会と呼ばれる東アジアの 13 か国と米国が加盟する政府間組織が存在し，この台風委員会が定めた名前が上記の番号のほかに付与される（巻末の表 A）．全部で 140 個の名前が登録されており，日本からは「テンビン」や「ヤギ」「ウサギ」などの星座の名前が登録されている．表の上から順番に名前を付け，表の最後の「サオラー」（ベトナムに生息する牛に似た動物の名前）を使ったあとは再度先頭に戻る仕組みになっている．台風は年間で約 26 個発生するので，およそ 5 年で台風の名前が一巡することになる．

　ちなみに，台風委員会が定めた名前を台風に付け始めたのは 2000 年からである．それ以前は，米国が定めた英語名（人名）が付けられていた．北大西洋やインド洋など，熱帯低気圧の発生するすべての領域で表 A のような名前のリストが用意されており，発生順に名前が付けられている．北西太平洋以外の領域では，表 A と異なり，すべて人名が登録されている．

　例えば北大西洋では，アルファベット順に，男性と女性の名前が交互に登録されている．Q，U，X，Y，Z で始まる人名は数が少ないので，これらのアルファベットから始まる名前は登録されていない（海域によって除く文字は異なる）．26 個のアルファベットからこの 5 つを除いた 21 個のアルファベットを用いて 1 年分のリストが作られている．このリストが 6 セットあり，年ごとに順

番に使用される．つまり，2014 年は 2008 年に使われたリストと同じものが使用されることになる．

　一般的に，北大西洋では tropical storm 以上の強さを持つ熱帯低気圧（北西太平洋での台風の定義）の数は北西太平洋よりも少なく，平均すると年間に 12 個である（詳細は 3.6 節）．各年で 21 個の名前のリストがあれば十分そうである．しかし，2005 年は 21 個をはるかに超える 27 個の熱帯低気圧が発生した．この場合，リストの先頭に戻るのではなく，ギリシャ文字が使われる．したがって 2005 年は，22 番目以降の熱帯低気圧には「アルファ」「ベータ」「ガンマ」といったように名前が付けられた．

　甚大な被害をもたらした熱帯低気圧の名前は「引退」というかたちで，再度使用されなくなる．被害を受けた国や地域の要請によって，名前の引退の判断が世界気象機関の専門部会などで検討される．引退が正式に決まると，それを補う名前が新たに登録される．最近では，2011 年にフィリピンで大きな被害を出した台風 21 号の「ワシ」が引退し，新たに「ハト」が登録された．2005 年，北米で大きな被害をもたらしたハリケーン・カトリーナも引退した名前の 1 つである．

　日本では台風を番号で呼ぶ場合がほとんどであるが，海外では名前で呼ぶことが多い．熱帯低気圧に名前を付けるのは，番号や専門用語よりも覚えやすく，警報などの伝達の際，素早く対象の熱帯低気圧を認識できるからである．実際，海外のテレビや新聞などでは，名前を使って熱帯低気圧に関する情報が報じられている．

◇◇◆ 3.2　北西太平洋の台風階級 ◆◇◇

　台風には強さと大きさに応じた階級が存在する．気象庁は，北西太平洋で発生した台風の強さに関しては最大風速を，大きさに関しては強風半径を指標として，表 3.3 の基準に従って台風を階級分けしている．テレビの天気予報などで耳にする，「大型で強い台風○号は」などという表現は，表 3.3 の基準に従って報じられている．

　同一の台風の一生のなかでも，強さと大きさは変化するので，ある台風に対して同じ表現がずっと使用されるわけではない．例えば，1 日前は「大型で強い台風」だったのが，現在時刻では「超大型で非常に強い台風」になることも

表 3.3 台風の階級

強さ	最大風速
表現しない	33 m/s（64 ノット）未満
「強い」	33 m/s（64 ノット）以上～44 m/s（85 ノット）未満
「非常に強い」	44 m/s（85 ノット）以上～54 m/s（105 ノット）未満
「猛烈な」	54 m/s（105 ノット）以上

大きさ	風速 15 m/s 以上の半径
表現しない	500 km 未満
「大型（大きい）」	500 km 以上～800 km 未満
「超大型（非常に大きい）」	800 km 以上

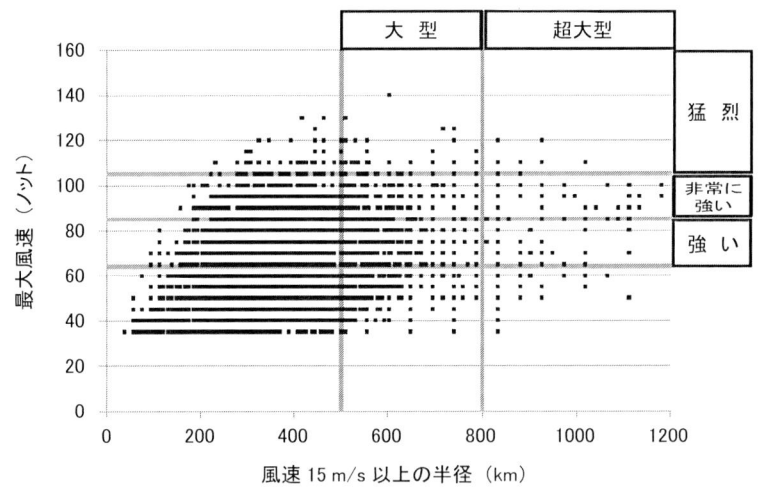

図 3.2 台風の大きさ（横軸）と最大風速（縦軸）の関係
（強風半径の解析データが利用できる 1977 年～2012 年（36 年間）の気象庁ベストトラックデータより作成）

ある．台風は急に発達したり，逆に急に減衰したりすることもあるので，特に台風が日本に接近して大きな災害が予想されるときは，最新の情報をこまめに確認することが重要である．

1977 年から 2012 年までに発生した台風に関して，6 時間ごとの台風解析情報をもとに強さと大きさの関係を調べたものが図 3.2 である．実は両者の関係はそれほど強くなく，「小さくても猛烈に強い」台風や，「超大型でも猛烈には強くない」台風がたくさん存在することがわかる．ちなみに，超大型で猛烈な

3.2 北西太平洋の台風階級

台風は，直近だと1998年の台風10号までさかのぼる．台風10号の発生から消滅までの階級を図3.3で見ると，階級が時々刻々と変化している様子がわかる．近年の研究（北内，2013）によると，北西太平洋で「大型」以上の大きさかつ「強い」以上の強さまで発達した台風のうち，約70%がはじめのうちは最大風速の増加が顕著で，その後から大きさが増加（図3.3で見ると時計回りの変化）していた．

台風の階級分けによる台風情報に関しては，1つ気を付けなければならない

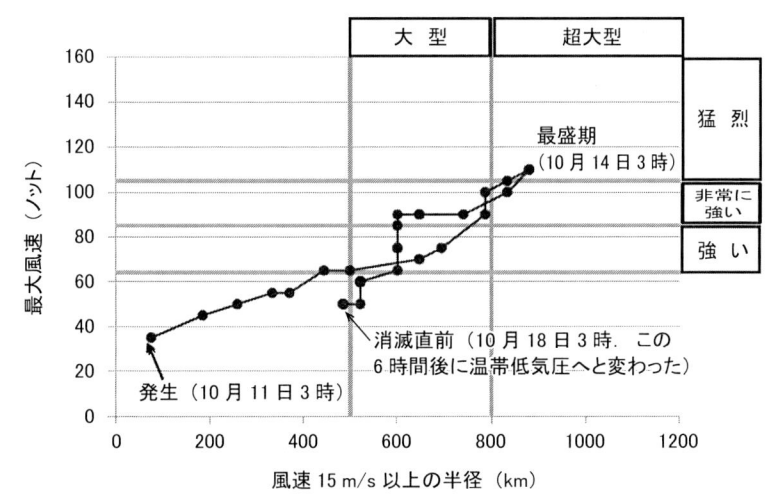

図3.3 1998年台風10号の最大風速と強風半径の時間変化

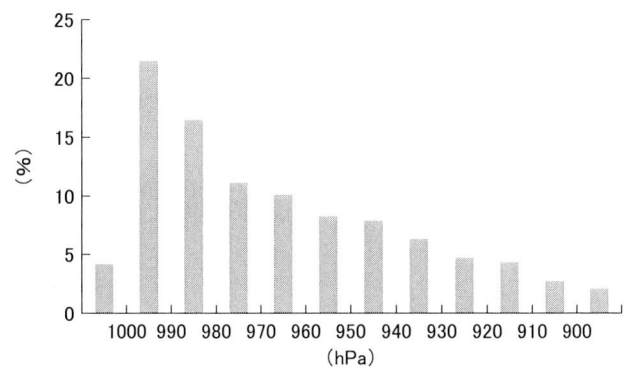

図3.4 台風の最低中心気圧の割合
（1951年～2012年（62年間）の気象庁ベストトラックデータより作成）

42　　　　　　　　　　　3. 数字で見る台風

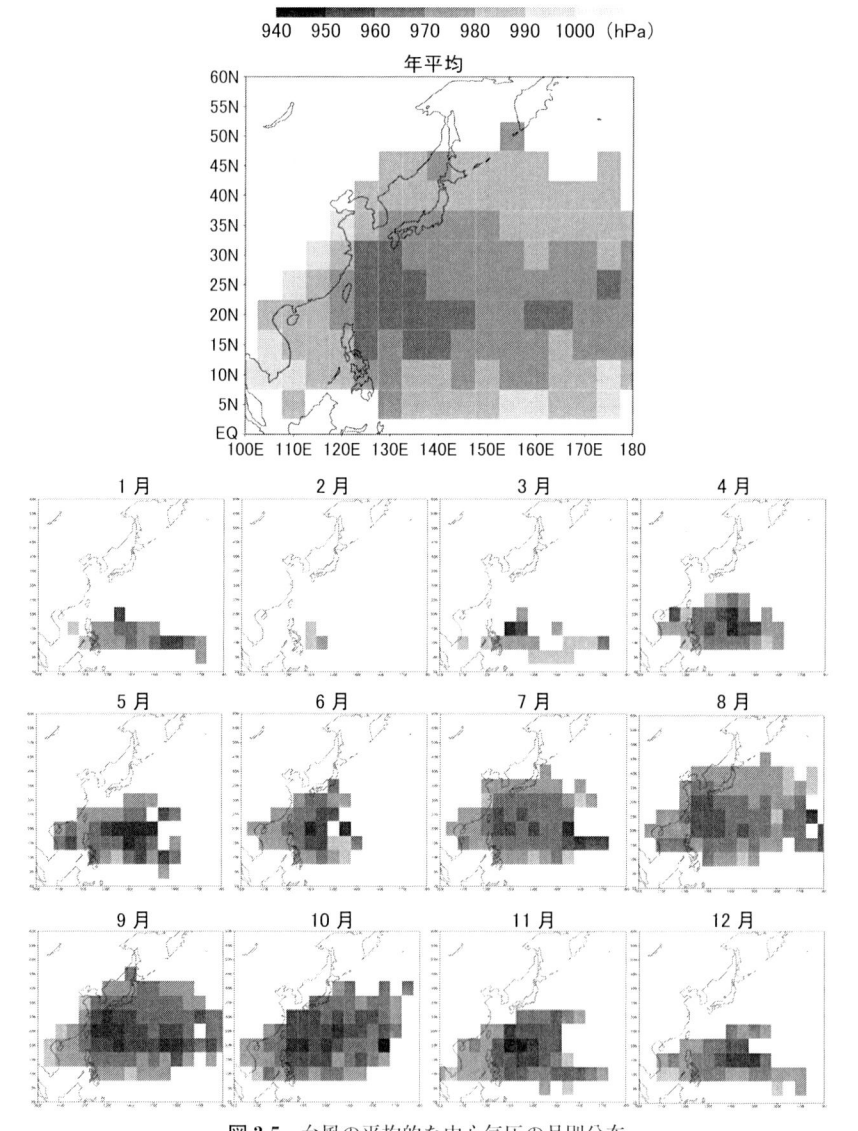

図 3.5 台風の平均的な中心気圧の月別分布
緯度，経度5度間隔の格子において，データ数が10個以上の格子で格子平均の中心気圧を算出．
(1951年～2012年 (62年間) の気象庁ベストトラックデータより作成)

ことがある．それは，台風の強さ，大きさのどちらについても風速に関係した情報であり，降水量の情報ではない点である．強風が災害を引き起こす直接的な要因であることは確かに多いが，浸水被害や土砂災害，河川の氾濫など，大雨が引き起こす甚大な災害も多々ある．「大型で強い台風」といういい方は，風速という台風の一面をとらえた表現にすぎず，降水量や台風に伴う災害の見込みに関しては，最新の天気予報や防災情報に注意することが重要である．

台風の強さに関しては，中心気圧もその指標の1つといえる．図3.4は，1951年以降に発生した各台風の最低中心気圧の統計である．全体の26%の台風が，最も中心気圧が低くなっても990 hPa以上であることが分かる．940 hPaよりも低くなる，つまり発達した台風は全体の20%程度である．ちなみに，1951年以降で最も低い中心気圧を記録した台風は1979年の台風20号で，870 hPaまで発達した．

台風は，いつ，どこで強くなっているのか？ 図3.5は，1951年以降に発生した各台風の進路と中心気圧の推移から，中心気圧の平均的な空間分布を月ごとに調べた結果である．図3.5を見ると，台風は北緯20度から30度付近の亜熱帯域で最も強くなっており，特に夏期は，台湾の東側の海域で中心気圧の低い傾向が顕著である．台風はこの亜熱帯域で発達期，最盛期を迎えることが多い．発達期，最盛期を過ぎると台風は衰弱期に入り，台風の北上とともに中心気圧は高くなる．月ごとの中心気圧の変化は，海面水温の変化とよく対応している．例えば10月でも中心気圧が比較的低いのは，夏場に暖められた海水が依然として残っているからである．

◇◇◆ 3.3 北西太平洋の台風発生数 ◆◇◇

図3.6は，1951年以降の各年の北西太平洋における台風発生数を表している．1951年から2012年までの平均をとると年間で26.1個の台風が発生していることがわかる．年ごとに見るとばらつきは大きく，例えば1967年のように39個の台風が発生する年もあれば，2010年のように14個しか発生しない年もある．

月ごとに見ると，8月が最も多く平均で5.6個発生し，逆に2月が最も少なく0.2個しか発生していない（図3.7）．図3.8は，1981年から2010年までの2月と8月の平均海面水温と台風発生位置を表している．海面水温が高いことは台風発生の必要条件の1つであり（詳細は5章），台風の発生には海面水温が26

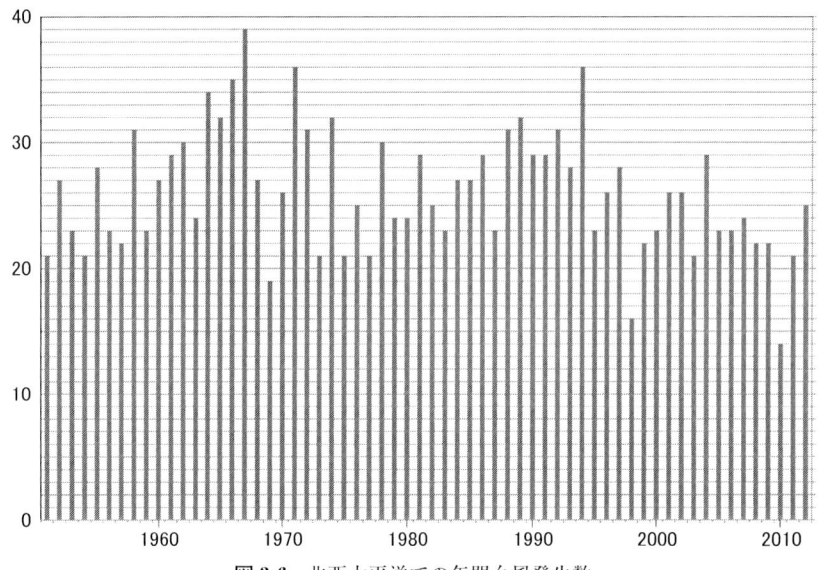

図 3.6 北西太平洋での年間台風発生数
(気象庁ウェブサイトをもとに作成)

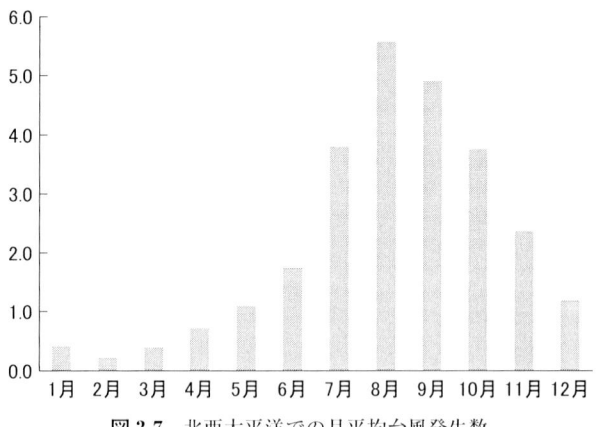

図 3.7 北西太平洋での月平均台風発生数
(気象庁ウェブサイトをもとに作成)

℃以上であることが必要であると考えられている．図 3.8 を見ると，その 26℃ の境界線が 2 月には北緯 20 度線あたりに存在しているのに対し，8 月には北緯 35 度付近まで北上しており，海上のほとんどの領域で台風の発生に必要な海面水温の条件が満たされている．それに対応して，2 月は台風の発生位置が低緯

3.3 北西太平洋の台風発生数

図 3.8 海面水温と台風発生位置

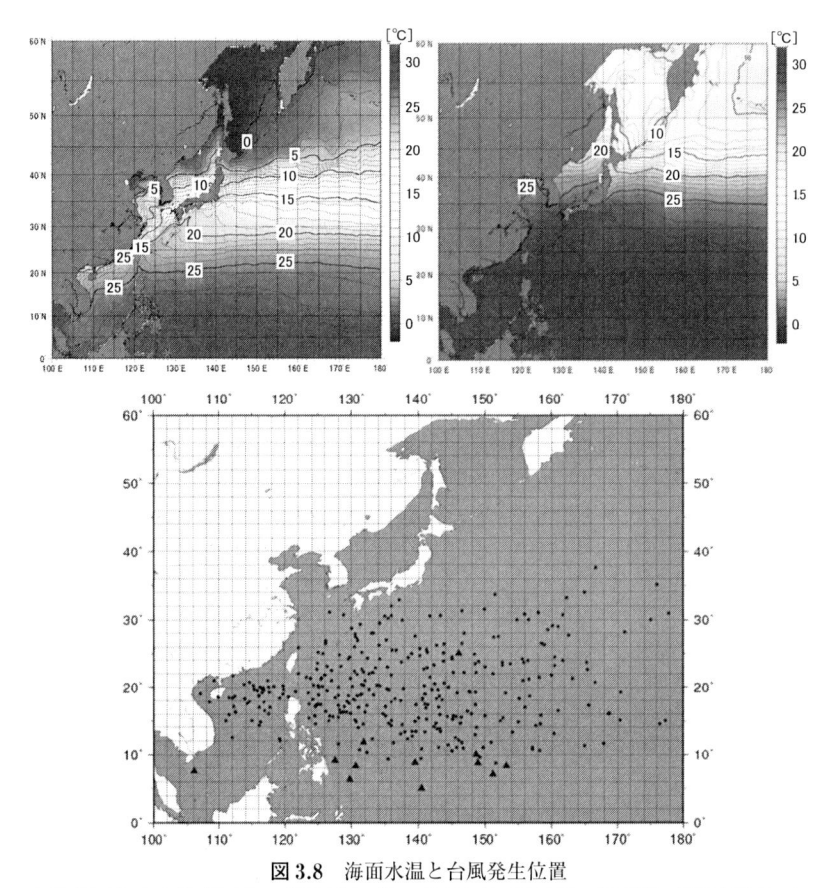

2月（左上）と8月（右上）の海面水温の違い（1981年〜2010年の30年間の海面水温データによる．気象庁ウェブサイトより）．下：2月（▲印）と8月（●印）の台風の発生位置．（1951年〜2012年（62年間）の気象庁ベストトラックデータより作成）

度帯に集中しているのに比べ，8月は北緯30度付近でも多くの台風が発生している．

図3.9は，各月の台風の発生位置の緯度に注目した頻度分布図である．箱から上に伸びる線の先端の値がその月に発生した台風の中で最も高緯度で発生した台風の緯度である．逆に，箱から下に伸びる線の先端の値はその月に発生した台風の中で最も低緯度で発生した台風の緯度である．箱の中の線は中央値で，箱の下端，上端の値はそれぞれ25%値，75%値を表している．中央値とは，発生位置の緯度を順に並べたときに中央に位置する値で，25%値，75%値は，小

さい方からそれぞれ25％，75％に位置する値である．中央値に注目すると，8月をピークとして，夏期は冬期よりも高緯度で台風が発生していることがわかる．また，最大値に注目すると，夏期には北緯30度を超えて発生する台風も存在することがわかる（東京の緯度は北緯35.4度）．緯度が高い場所で台風が発生した場合，発生から日本へ接近，または上陸するまでの時間が短くなるため，防災の観点から十分注意が必要である．参考までに，表3.4に，各月ごとの台風の発生緯度の最大値と最小値を示す．

台風の発生は夏期に多く，7月から10月の各月では平均的に見ると少なくとも1つは台風が発生している（図3.7）．1月や12月に発生する台風も少なから

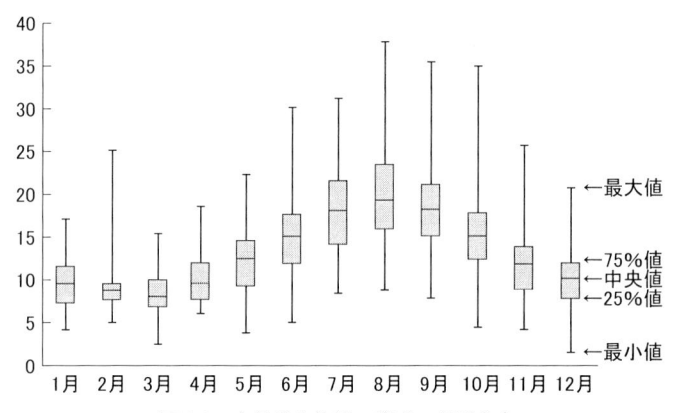

図3.9 台風発生位置の緯度の月別分布
（1951年〜2012年（62年間）の気象庁ベストトラックデータより作成）

表3.4 台風発生の最大緯度と最小緯度の月別値

	1月	2月	3月	4月	5月	6月
最大緯度	17.0 (T8901)	25.0 (T5101)	15.3 (T7402)	18.5 (T7403)	22.1 (T7905)	30.0 (T6106)
最小緯度	4.1 (T5702)	5.0 (T8601)	2.4 (T5601)	6.0 (T8102他)	3.7 (T5704)	5.0 (T0206)

	7月	8月	9月	10月	11月	12月
最大緯度	31.1 (T5512)	37.6 (T5518)	35.3 (T6729)	34.8 (T7715)	25.6 (T0820)	20.6 (T5831)
最小緯度	8.3 (T0307)	8.7 (T5307)	7.8 (T0917)	4.4 (T7020)	4.1 (T1224)	1.5 (T0126)

括弧内の表記は対応する台風番号（T8901：1989年の台風1号の意味）

ず存在し，例えば1971年の台風1号は，1951年以降の台風の中で最も発生日時が早い台風で，1月2日9時（日本時間）に発生した．逆に，2000年の台風23号は最も発生日時が遅い台風で，12月30日9時に発生した．ちなみに，この台風は年をまたいで2001年の1月4日21時まで台風の勢力を保ち続けた．このような「年またぎの台風」は，ほかにもいくつか存在するが，年をまたいだからといってその台風が新年の台風1号として扱われることはない．新年の台風1号の称号は，その年になって新たに発生した台風に与えられる．

◇◇◇ 3.4 北西太平洋の台風の動き ◆◇◇

図3.10の台風経路図は，台風の中心位置を追跡した「台風の移動の軌跡」である．台風は，基本的にはその周辺の大規模な大気の流れによって移動する（詳細は5章）．例えば北西太平洋域では，台風を移動させる代表的な大気の流れは，赤道近くの偏東風や中緯度帯に存在する偏西風，太平洋高気圧に伴う風などである．

これらの風は1年中同じように吹いているわけではなく，季節の進行とともに変化する．その結果，台風の平均的な進路も変化する．例えば春先の4月や5月は太平洋高気圧の勢力はまだ弱く，夏期に比べると南に位置している．そのため，太平洋高気圧の影響をあまり受けずに，偏東風にのってフィリピンの方へ向かう台風が多い．夏期の7月から9月に注目すると，春先と同じように偏東風にのってフィリピンや中国大陸へ向かう台風がある一方，日本に接近・上陸する台風が増える．これは，図3.9で見たように台風の発生位置が比較的高緯度となり，また太平洋高気圧の等圧線が日本に沿うようになり，その縁辺を回るように台風が移動するからである．

台風は，平均的にはおよそ5.7 m/s（時速約20 km）の速度で移動する．しかし，台風の移動は台風周辺の環境場に大きく影響を受けるため，同じ台風でもその存在位置や周辺の大気の流れの状態によって移動速度が異なる．図3.11は，いつ，どこで台風の移動速度が速くなるかを示した図である．平均的に見ると，偏西風の影響を受ける中緯度帯では，熱帯，亜熱帯と比較すると移動速度が速くなる傾向がある．例えば9月に注目すると，北緯25度よりも南では4～6 m/sで移動しているが，北緯35度を超えるとおよそ倍の速度で移動することがわかる．

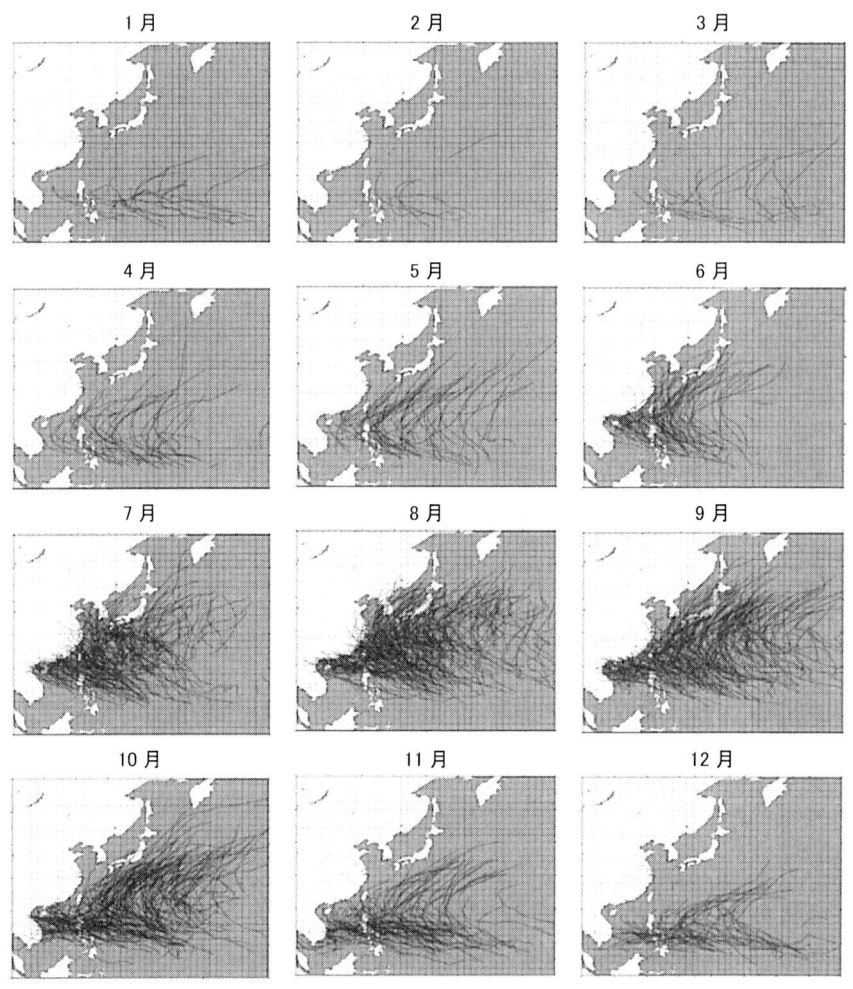

図 3.10 月ごとの台風経路の違い
(1951 年〜2012 年（62 年間）の気象庁ベストトラックデータより作成)

　北西太平洋の台風の平均寿命は約 5.3 日である．図 3.12 に示すように，1 日ももたずに消滅してしまう台風も存在すれば（全体の 4.0%），10 日以上も存続する台風も存在する（全体の 8.3%）．寿命が最長の台風は 1986 年の台風 14 号で 19.25 日も存在し続けた（期間中 1.5 日は熱帯低気圧の強度に衰弱した）．台風の平均移動距離は約 2460 km で，全体の 65% 以下が移動距離 3000 km 未満である（図 3.13）．5000 km 以上移動する台風も全体の 6.4% 存在する．台風の

図 3.11 台風の平均的な移動速度の月別分布
緯度,経度5度間隔の格子において,データ数が10個以上の格子で格子平均の移動速度を算出した.
(1951年〜2012年(62年間)の気象庁ベストトラックデータより作成)

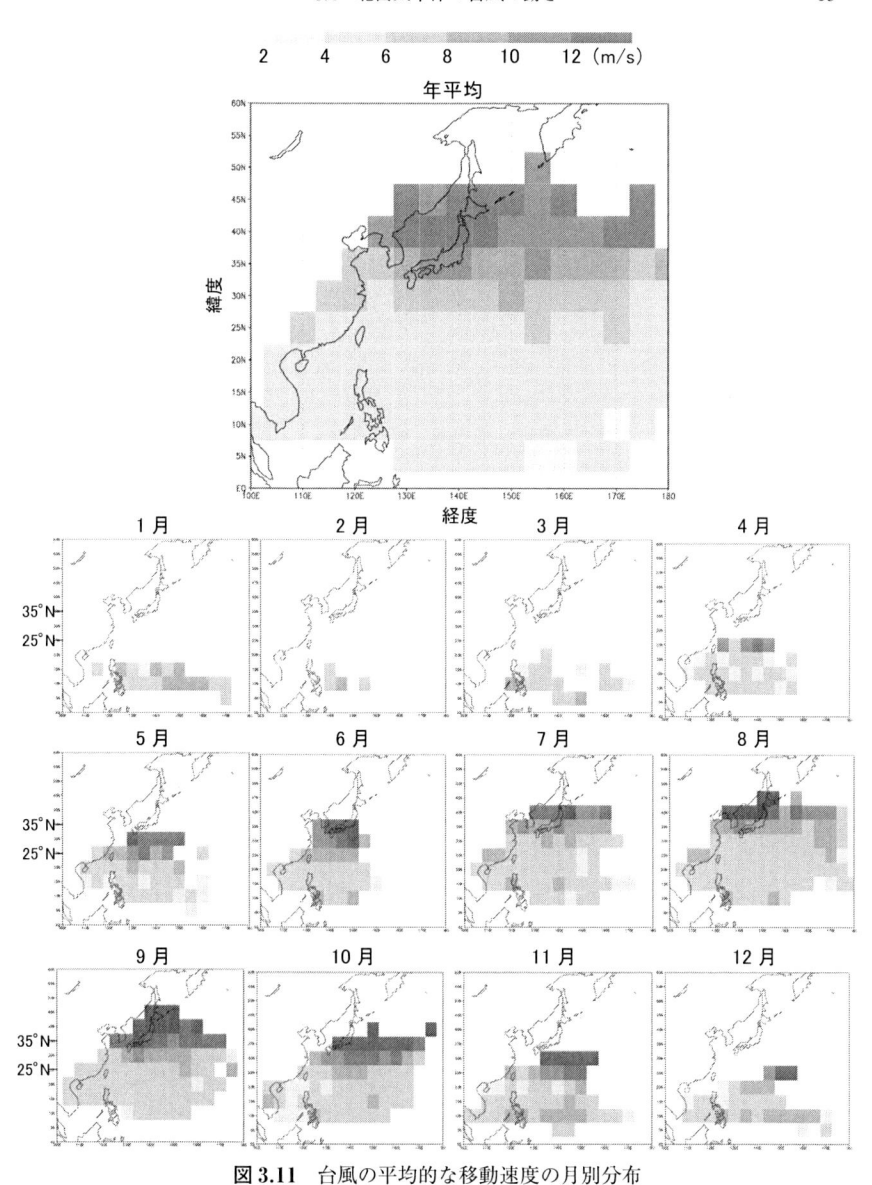

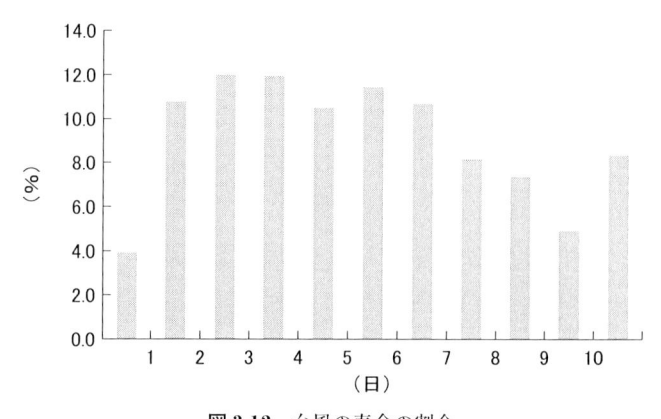

図 3.12 台風の寿命の割合
(1951年～2012年 (62年間) の気象庁ベストトラックデータより作成)

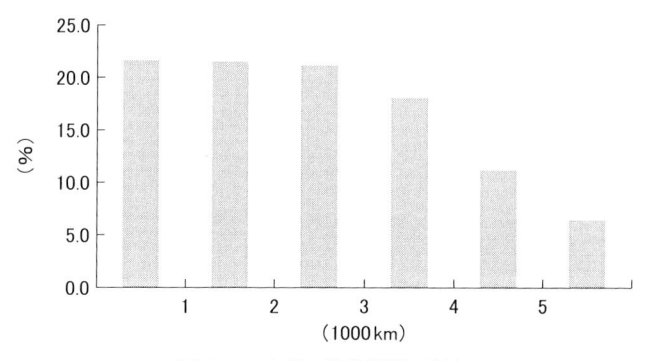

図 3.13 台風の移動距離の割合
(1951年～2012年 (62年間) の気象庁ベストトラックデータより作成)

移動距離が最長であった台風は1965年の台風32号で8000 km以上も移動した．

◇◇◆ 3.5 日本の上陸数：都道府県別上陸ランキング ◆◇◇

　気象庁の定義では，台風の中心が北海道，本州，四国，九州の海岸線に達し，その後陸上を25 km以上進んだ場合，台風が日本に「上陸」したと呼ぶ．島嶼部や半島を横切って短時間で再び海に出る場合は上陸とはいわず，「通過」と呼ぶ．例えば，沖縄，佐渡，能登半島を台風が横切った場合には「通過」となる．

3.5 日本の上陸数：都道府県別上陸ランキング

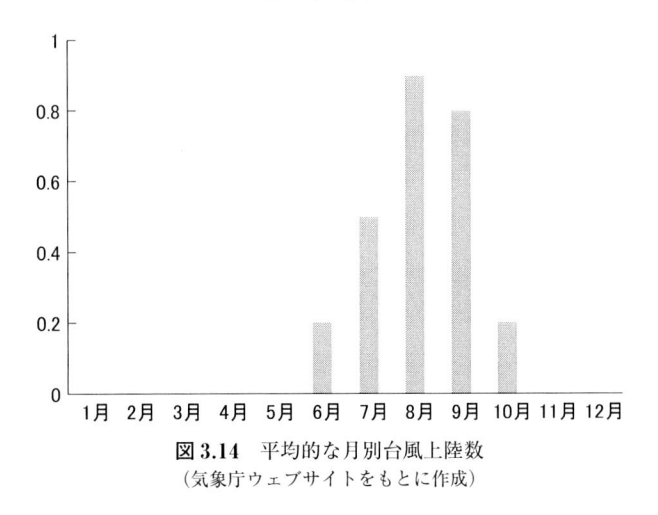

図 3.14 平均的な月別台風上陸数
（気象庁ウェブサイトをもとに作成）

巻末の表 B は，1951 年から 2013 年の間に日本に上陸した台風のリストである．この表に基づくと，年間で平均して約 2.8 個の台風が日本に上陸することがわかる．2004 年は上陸した台風の数が最も多い年で，10 個の台風が日本に上陸した．年間上陸数が 2 位の 1993 年，1990 年の 6 個を大きく上回っている．逆に 1984 年，1986 年，2000 年，2008 年のように 1 つも台風が上陸しない年もある．

月別で見た台風上陸数（図 3.14）は，8 月と 9 月が最も多く，平均してそれぞれ 0.9 個と 0.8 個の台風が上陸する．表 3.4 で見たように，1 月や 12 月に発生する台風も存在する．しかし，1 月や 12 月に台風が上陸したことはこれまでに一度もない．最も早く上陸した台風は，1956 年の台風 3 号で，4 月 25 日 07 時半ごろに鹿児島県に上陸した．最も遅く上陸した台風は 1990 年の台風 28 号で，11 月 30 日 14 時ごろ和歌山県に上陸した（図 3.14 に示すように，4 月や 5 月や 11 月は平均的に見ると上陸数はゼロとなる）．

表 3.5 は都道府県別に見た台風の上陸数のランキングである．鹿児島県が最も多く，1951 年から 2013 年の間に 37 個の台風が上陸した．次いで，高知県が 24 個，和歌山県が 22 個，静岡県が 18 個，長崎県が 14 個と続いている．図 3.15 は都道府県ごとの台風の上陸マップである．台風の上陸は太平洋側に集中している．日本海側から上陸する事例は珍しく，例えば 2010 年の台風 9 号は 1951 年の統計開始以来初めて北陸・福井県に上陸した台風であった．

52   3. 数字で見る台風

表 3.5 都道府県別上陸ランキング

順位	都道府県	上陸数
1	鹿児島県	37
2	高知県	24
3	和歌山県	22
4	静岡県	18
5	長崎県	14
6	宮崎県	12
7	愛知県	11
8	千葉県	7
8	熊本県	7
10	徳島県	5
10	神奈川県	5

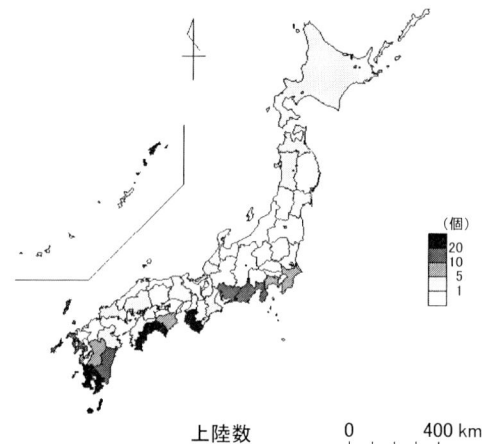

図 3.15 都道府県ごとの台風の上陸マップ
数字は1951年から2013年の台風の上陸個数を表している.

◇◇◆ 3.6 世界の台風発生数 ◆◇◇

　熱帯低気圧（以後，気象庁定義に基づく台風強度まで発達した熱帯低気圧を台風と呼ぶ）は，北西太平洋に限らず世界中の海域で発生している．各海域で発生する台風は，その影響を受ける各国・地域によって監視されているが，全世界を網羅したデータセットは存在しなかった．近年になり，米国海洋大気庁（National Oceanic and Atmospheric Administration：NOAA）は，全世界台風データセット International Best Track Archive for Climate Stewardship（IBTrACS）を2012年10月1日に公開した．IBTrACSは，世界13の国際機関（図8.8のRSMCとTCWC）で観測された，2011年までの熱帯低気圧のデータをまとめたものである（Knapp et al., 2010）．

　本節では，このIBTrACSを用いて，独自に世界の台風の発生数などを調べた．全世界的なデータとはいえ，各機関の観測データに依存しているため，その精度や測定方法（風速の定義が10分平均と1分平均など）は異なる．しかし，世界各地の台風全体像を見るには，現在用いることのできる中で唯一のデータである．このIBTrACSの風速データから，気象庁の台風の定義に基づき，風速34ノット以上の強度を持つ熱帯低気圧を，地域による区別なく台風と見

3.6 世界の台風発生数

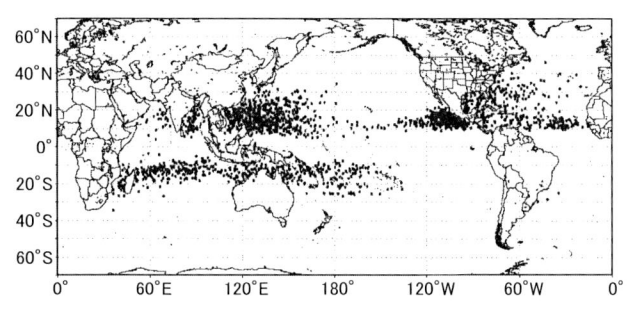

図 3.16 1990 年から 2011 年までの台風発生位置
（IBTrACS データより作成）

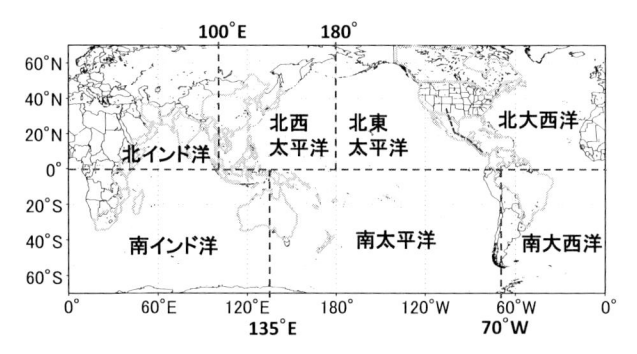

図 3.17 本書で用いる海域の分類

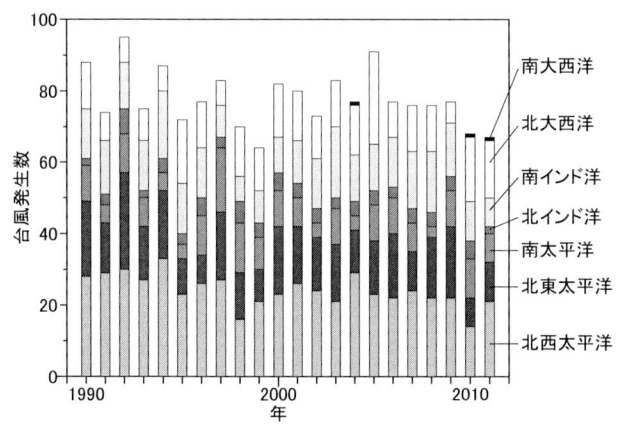

図 3.18 世界の年間台風発生数と海域ごとの発生数
（IBTrACS データより作成）

なして解析を行った．ちなみに，IBTrACSの中でも，世界気象機関（World Meteorological Organization：WMO）と関係の深い国際機関のデータを用いていて，6時間間隔のデータにそろえている．

　図3.16は，1990年から2011年までに発生したすべての台風の発生位置である．この22年間で，世界中で1737個の台風が発生していた．発生する海域は，北太平洋，南太平洋の西側，南北のインド洋，北大西洋である．南東太平洋や南大西洋ではほとんど発生していない．本節では，図3.17のように海域を定義する．

　年間で見ると，平均約79個の台風が世界中で発生している．しかし，年ごとの台風発生数を見るとばらつきは大きい（図3.18）．1990年以降の統計では，1992年が最も多く96個，1999年が最も少なく64個である．

　発生海域で分けて見ると，年間台風発生数は北西太平洋で最も多く，約24個と全海域の約31%を占めている（図3.18と図3.19）．2番目に多い北東太平洋は年間約15個，次いで北大西洋や南インド洋となっている．南大西洋では，2004年，2010年，2011年のいずれも3月に1個ずつ台風が検出された．それぞれの海域の台風発生数の年変化を見ても，やはりばらつきがある（図3.19）．そして，すべての海域で台風発生数が同じ傾向で変動しているわけではなく，例えば地球全体で台風発生数が平均よりも多い年でも，各海域がいっせいに増えたわけではない．

　図3.20は，各海域の月別平均発生数を示す．主に，北半球の海域は夏となる8月をピークに台風が多く発生していて，南半球では夏となる1月や2月がピークとなっている．その傾向からはずれているのが北インド洋である．5月と11月に2つのピークがあり，7〜8月は発生数が少ない．この海域特有の要因で，盛夏期の台風発生が抑えられているが，その謎は5章で解くことにする．

◇◇◆ **3.7　世界の上陸数：国別上陸ランキング** ◆◇◇

　グローバルな視点で台風被害を概観したい場合，台風の上陸数は重要な指標になる．しかしながら，それぞれの国で台風上陸の定義が異なることや，国境線に関する政治問題があり，各国の台風上陸数をまとめた結果は存在していない．そこで本書では，図3.17のように国境線を作成し，各国の台風上陸数を見積もることにした．まずIBTrACSのデータを用いて，各台風について，6時

3.7 世界の上陸数：国別上陸ランキング

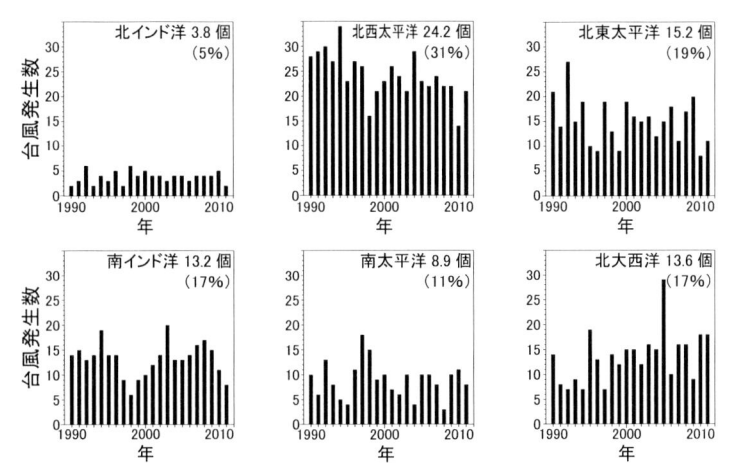

図 3.19 海域ごとの年間台風発生数
数字は台風の平均年間発生数と，世界全体での台風発生数割合．南半球では台風シーズンは年をまたいでいるが，年間発生数にはそれを考慮していない．（IBTrACS データより作成）

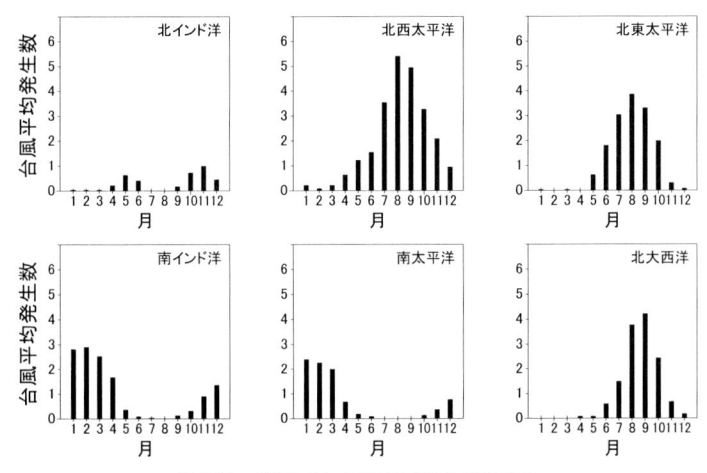

図 3.20 海域ごとの月別平均台風発生数
（IBTrACS データより作成）

間間隔の台風中心位置を結んだ直線を作成した．そして，その直線とある国の国境線が交差したときに，台風はその国に上陸したと見なした．

解析結果によると，年平均で見て，1年に1個以上台風が上陸する国「台風上陸国」は，世界に11か国存在する．それらの国の順位は表3.6である．台風

上陸国の上位2か国は予想通り．一方，第3位から第7位の国までは平均約3個の中でひしめき合っていて，この第3位グループの中では，統計をとる年や，国境線を変えることで順位が変動する可能性がある．

　それでは，上位の台風上陸国を順に見ていく．堂々の第1位，世界で最も台風が上陸する国は「中国」で年間6.7個，台湾を含んでいない国境線で検出した場合でも6.2個であり，2位を突き放してのトップである．中国に上陸する台風は2つの起源があり，北西太平洋（ここでは南シナ海を除く）で発生した台風が4.4個で，南シナ海の2.3個の約2倍になっている．第2位は「フィリピン」で，年間4.0個．この国では，年間を通してどの季節でも台風が上陸していること，強い台風が上陸することが特徴である．

　第4位の「米国」は年間3.3個．米国は，北東太平洋と北大西洋の2つの海域に面しているが，ほとんどの上陸台風が北大西洋で発生している．同様の地理を持つ「メキシコ」は第5位で，年間3.2個．メキシコの場合は，西海岸の上陸数（2.0個）が東海岸（1.2個）の約2倍となっている．第6位のベトナムは，年間約2.9個．北西太平洋や南シナ海で発生した台風のうち，転向せずに

表3.6　台風上陸数ランキング[*1, *2]

順位	国　名	年間平均上陸数（個／年）
1	中　国	6.7
2	フィリピン	4.0
3	日　本	3.7
4	米　国	3.3
5	メキシコ	3.2
6	ベトナム	2.9
7	オーストラリア	2.9
8	マダガスカル	1.6
9	インド	1.4
10	ラオス	1.3
11	カナダ	1.0

[*1]　北西太平洋では1977〜2011年，北東太平洋と大西洋では1970〜2011年，インド洋と南太平洋では1990〜2011年で平均をとる．独自に引いた国境線と台風経路が台風の強度を保ったまま交差した場合，その国に台風が上陸したと定義した．上陸直後に台風強度を下回った台風も含む．1つの台風が複数の国に上陸した場合も，それぞれの国で上陸したと数えている（廣瀬，2014）．

[*2]　用いるデータや定義や解析期間を変えると，このランキングや平均値は変わってくるので注意が必要である．

そのまま低緯度を西進したものである．第7位は南半球でランクイン，「オーストラリア」で年間2.9個．オーストラリアは，2つの台風発生海域に面しているが，インド洋側の上陸数（1.4個）が南太平洋側（1.5個）とほぼ同数になっている．

著者が「台風大国」と考えていた日本は，本書の調べでは第3位であった．年間約3.7個．気象庁が発表する平均数（2.8個）とは異なっているが，本節の解析では南西諸島も上陸の定義に加えるなどの理由により異なっている．ちなみに，気象庁の定義に基づき，この南西諸島を国境から除いて解析すると2.8個となる．

海域ごとで分けた図3.21で見ても，台風発生数が多い北西太平洋の国で上陸数も多いことがわかる．しかし，南太平洋や北大西洋でも，上陸が多い国がある．台風発生海域に面していて国土の広い国は，やはり台風が上陸しやすい国となる．

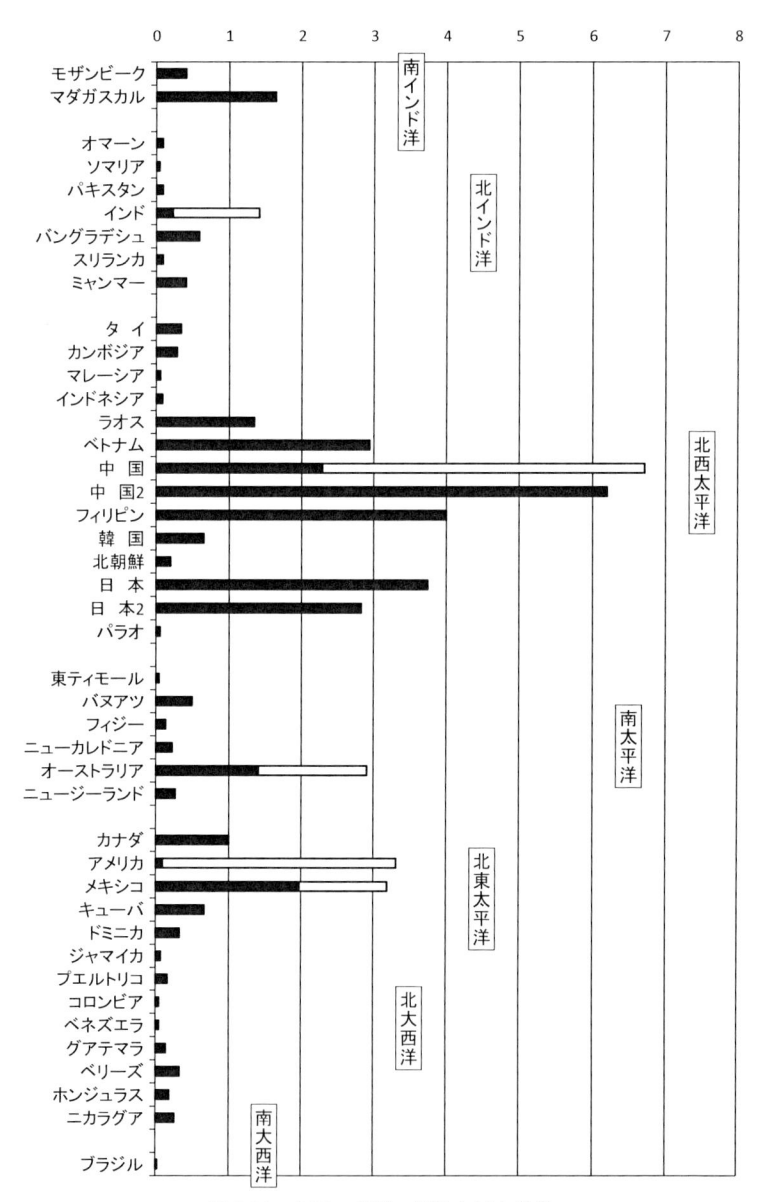

図 3.21 各国の年間の平均台風上陸数

白と黒の棒がある国は，白が東海岸，黒が西海岸（中国は南海岸）の個数．日本2は南西諸島などを除いた国境線．中国2は台湾を除いた国境線．

4

台風の構造と一生

　本章では，気象学的な視点から台風を学ぶ．まず，台風を科学的に学ぶために必要な知識やそれに関連する気象学の基礎を，身近なことにたとえながらわかりやすく解説する．そして，台風の内部構造やその一生について詳しく説明していく．

◇◇◆ 4.1　台風を学ぶ前の気象学の基礎知識 ◆◇◇

(1) 大気の温度構造と不安定

　われわれが住んでいる地球では，大気の温度は，水平方向にも鉛直方向にも変化している．ここでは，水平方向に平均した鉛直方向の構造に注目する．太陽のエネルギーは，大気よりも多く地表面で吸収されるため，地表面の温度は高く，上空に向かうにつれて気温はどんどん下がっていく．ところが，高度 10 km（中緯度の場合）より上空では気温の減少幅が小さくなり，さらに高度を上げていくと気温は上昇に転じ，高度約 50 km 付近でピークを迎える．これは，10～50 km の範囲でオゾンの濃度が高く，オゾンが紫外線を吸収して大気が加熱されるためである．高度とともに気温が大きく低下していく高度約 10 km（熱帯域では 15～16 km，極域では 7～8 km）以下の層を対流圏，それより上を成層圏と呼び，その境界を対流圏界面と呼んでいる（図 4.1）．また，対流圏の中でも，地面や海面の影響を受ける高度約 1 km 以下の層のことを境界層と呼び，それより上を自由大気と呼ぶ．

　大気の中で起きる空気の鉛直方向の運動を，「対流活動」または「対流」と呼ぶ．台風の中で見られるような非常に活発な対流活動は，対流圏の自由大気中

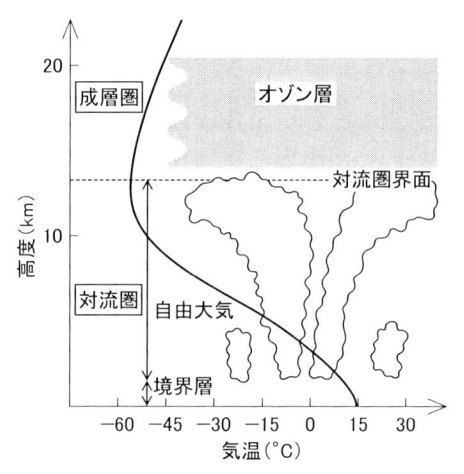

図 4.1 高度約 20 km までの気温分布
積乱雲とそれに伴う層状雲.

で起こっている.その一方で,成層圏では対流活動が抑制されている.対流活動が活発に起こるかどうかは,大気の状態が安定か不安定かによる.成層圏のように,上空に行くほど気温が高いと,下層の空気は上層に比べて重い空気であるため(気温と質量の関係については次節),上方に向かおうとする運動や対流活動は抑制される.このような状態のことを「安定」という.逆に,上空に重い空気がある場合には,ちょっとした揺らぎが激しい対流活動のトリガーになり得る.このような状態を「不安定」という.

(2) 気圧と気圧傾度力

よく台風の解説で「台風の中心気圧は 950 hPa です」と耳にする.天気図にも,高気圧や低気圧のところに 1000 とか 970 とか数字が書いてある.これは,空気の分子が地面を押す「気圧」を表している.

話を単純にするために,平らな地面をイメージしてみよう(図 4.2).空気中の分子は,地面にぶつかって下向きに地面を押している.この力を単位面積あたりで表現したものが気圧である.地面だけでなく,上空でも気圧を定義することができる.このときには,上空に仮想的な面(図 4.2 の点線)を考える.地面同様,空気分子がぶつかることでこの仮想的な面を押し込む力が生じ,この力を単位面積あたりで表したものが,この高度での気圧となる.

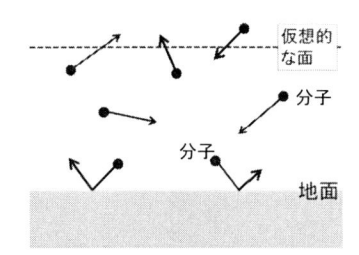

図 4.2 気圧を説明する模式図
空気中の分子が地面にぶつかり，地面を下向きに押している．これを単位面積あたりの力で表したものが地面における気圧である．

図 4.3 気圧は体重の積重ねに類似することを示す模式図
親亀は，子亀だけでなく，直接に接していない孫亀やひ孫亀の体重を感じている．

ある高度における気圧は，その高さから宇宙空間までずっと積み上がった空気分子にかかる重さに相当する．はるか上空の空気の重さなんか，地上の気圧には関係ないと思われるかもしれないが，親亀が背中に子亀と孫亀とひ孫亀をのせているところを想像するとわかりやすい（図4.3）．下層の気体を表す親亀の上には子亀がのり，その上には孫亀とひ孫亀がのっている．重い子亀・孫亀・ひ孫亀がのっている場合，親亀が地面を押す力（気圧）は強くなり，軽い子亀・孫亀・ひ孫亀がのっている場合には，親亀が地面を押す力は弱くなる．

台風の中心では周囲に比べて気圧が低くなっているため，何とかその水平方向での気圧差を埋め合わせようと，気体分子を中心へ向かわせようとする力がかかる．このように気圧が高い方から低い方に働く力を，「気圧傾度力」と呼ぶ．ただし，空気には気圧傾度力のほかにも，遠心力，コリオリ力，重力がかかっている．そのため，気体はまっすぐ中心に向かうことができない．

(3) 遠心力とコリオリ力

台風の周りで吹く風は，どのように説明されるのだろうか？ 地球という回転（自転）する球面の上で生活しているわれわれから見る大気の流れを説明するためには，「遠心力」と「コリオリ力」という見かけの力の説明が不可欠となる．

遠心力とは，回転運動をしている人や物体に，中心から離れるように作用す

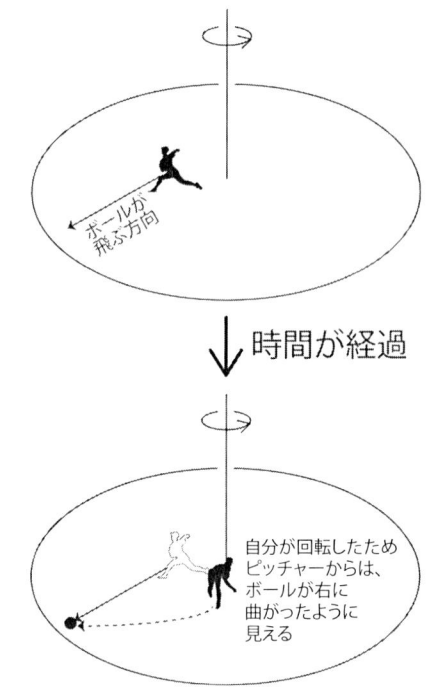

図 4.4 高速で回転する円盤上にいるピッチャーから見た物体の運動
実際にボールが飛ぶのは実線上だが，ピッチャーから見ると飛んで行ったボールは右側に位置しており，見かけ上，破線のような運動をしたように見える．

る力である．例えば，オートバイのレースではカーブで選手が大きく内側に体を傾ける．これは，高速で回転運動をする選手には外側に運ばれるような遠心力がかかるためだ．同様に台風の中心の周りをぐるぐる回っている気体分子にも，外側に向かうような力がかかっている．

もう 1 つのコリオリ力は，回転移動しているものから運動している物体を見たときに感じられる見かけの力である．遠心力が回転中心から離れる向きに働く力であるのに対し，物体の運動方向に対して，北半球であれば右側に作用する（南半球では左側で作用する）．地球のように回転する球面を考えると複雑になるので，回転台で投げる際のコリオリ力について考える．図 4.4 のように回転台に立っているピッチャーがボールを投げたとすると，ボールを投げたあと，ピッチャーの見ている向きは変わってしまう．そのため，ピッチャーからは，

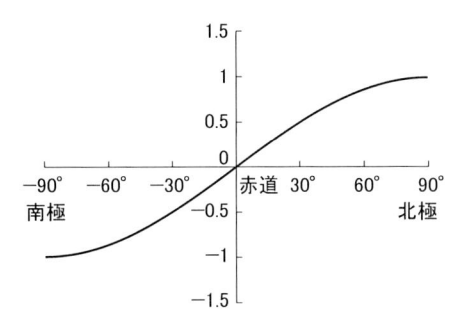

図 4.5 緯度によるコリオリ力の違い
北極にいるときにかかるコリオリ力の大きさを 1 としたとき，同じ速度で運動する物体にかかるコリオリ力の大きさを緯度別に示した．南半球ではコリオリ力が働く向きが逆になるので，ここでは負の値で示している．

飛んでいくボールは右側に曲がるように見えてしまうのである．ピッチャーには遠心力もかかっているが，遠心力は中心から外向きに向かうように働く力なので，右側に曲がることは説明できない．これがコリオリ力に伴う作用である．

図 4.5 は，物体の運動速度を同じとした場合に，緯度によってコリオリ力の大きさに違いがあることを示している．例えば，皆さんが北極点に 1 日間立っているとして，自分の立っている位置と地球の回転軸（「地軸」と呼ぶ）について考えてみよう．あなたは地軸の上にまっすぐ立っていることになり，地球の自転に合わせて 1 日 1 回「上から見て反時計回り」に回転することになる．しかし赤道に立ったときには，地軸に対して直角に立っているため，北極点で受けたような回転はしない．このように，自転に伴う回転の仕方が緯度によって大きく異なるため，コリオリ力のかかり方も緯度によって異なってくる．台風の発生や発達にはコリオリ力の強さが重要な条件の 1 つとなる（詳細は 5 章）．そうすると，コリオリ力が非常に弱くなる赤道付近では台風はできないのか？答えは，すでに図 3.16 に示しているとおりで，ほとんどできないというのが正解である．

コラム 3 ◆ コリオリ力：右投げピッチャーはシュートが得意 ?!

コリオリ力の説明を，野球の右投げピッチャーが投げるボールでたと

えた．しかし，この模式図（図4.4）はかなり大げさに描いている．日本でプロ野球のピッチャーがキャッチャーめがけてボールを投げたとき，そのボールはコリオリ力によっておよそ0.5mm右バッター寄り（3塁側）にしか曲がらない．いかに優れたピッチャーやキャッチャーでも，これに気付くことはないだろう．

　ボールにかかるコリオリ力の影響が非常に小さい理由は，地球の自転に伴うコリオリ力は，地球の自転の時間スケール，すなわち，1日程度で運動する現象で効果がはっきりしてくるためである．「流しの栓を抜いて水が吸い込まれるときに，コリオリ力によって渦は必ず右回りをしながら吸い込まれる」ということはなく，数分以内の現象については，コリオリ力の効果に気付くことはできない．逆にいえば，数時間から数日単位での大気の流れを考えるうえでは，重要な見かけの力である．

(4) 回転する力：角運動量と渦度

　渦回転の度合いを表す物理量として「角運動量」がある．これは，質量と速度と中心軸からの距離の積で，わかりやすくいえば，重いものが回転の中心から遠いところを速く動いていれば，角運動量は大きい．角運動量は摩擦など回転運動を抑えようとするものがない限り，保存されるという性質を持っている（図4.6）．例えば，フィギュアスケートの演技には，最初に手を伸ばしてゆっくり回転を始めた演者が，手を中心に寄せると回転の速度が非常に速くなるというものがある．これは，中心軸からの距離が小さいところに質量が集まったこ

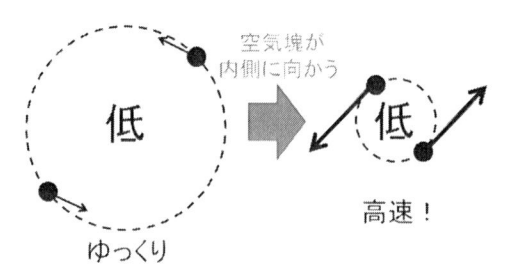

図 4.6　角運動量が保存することを示した模式図
低は低気圧の中心．渦回転をしている空気が中心付近に集められた際，角運動量を近似的に保存しているため高速な回転運動をする．

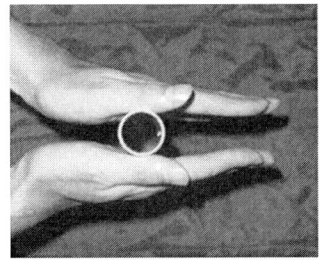

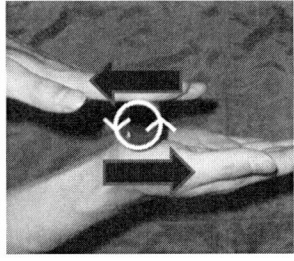

図 4.7 渦度
筒をはさんで手を動かす．手の動きが風の流れを表し，筒の回転が渦度に対応する．この場合，筒の北側で東風，南側で西風となっており，その結果，筒は反時計回りをして正の渦度になる．

とで，回転速度が速くなったのである．台風の中でも同じことが起こっていて，次節で示すように，空気が中心に集まるような流れがある．そのため，中心軸からの距離が小さくなった分，回転方向の速度は速くなるのである．

気象学では，回転の度合いを表すのに「渦度（うずど）」という物理量も使われる．イメージとして渦度を理解するために図 4.7 の写真を見ていただきたい．写真は，手が左右にずれることで，その間にはさまれている筒が反時計回りに回転することを示している．これが正の渦度のイメージに対応している（負の渦度は時計回り）（廣田，2011）．北半球の台風を上から見た様子を考えると，流れ場は反時計回りであり，渦度はその中心で大きな正の値をとる．

渦度といったとき，観測している現象の渦度に，観測者自身が地球の自転に伴って回転している効果を加えた「絶対渦度」と呼ばれる物理量を考えることもある．絶対渦度はおおむね保存する量であり，台風の移動に関するメカニズムの1つであるベータ効果（詳細は 6 章）の説明に用いられる．

(5) 台風のエネルギー源：凝結熱

熱力学の観点から見ると，台風は巨大なエンジンだといえる．エンジンのエネルギー源は，水蒸気が液体の水になる際に発せられる熱である．ミクロの視点から考えてみるとわかりやすい．気体の水分子（水蒸気）は元気に飛び回っているのに対し，液体の水分子は緩いながらも結合して運動をしている（図 4.8）．そのため，水蒸気が液体の水になるときには，気体分子の運動エネルギーを外部に放出する必要がある．このときに発せられる熱が「凝結熱」である．お風呂上りに扇風機にあたって涼しく感じられることはこの逆にあたる．液体

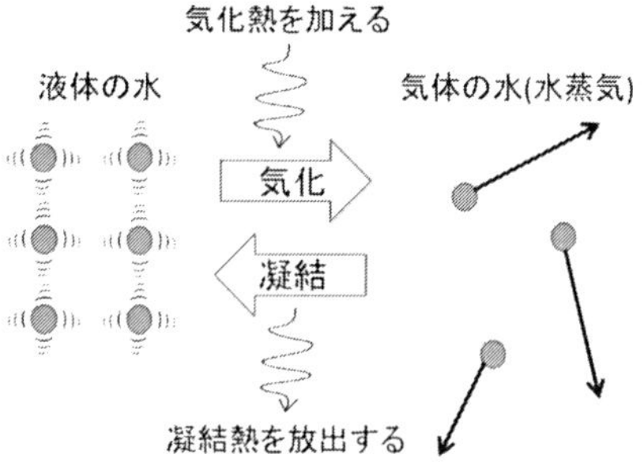

図 4.8 液体の水と気体の水を示した模式図
液体の水分子が結合や運動に使っている内部エネルギーに比べて，気体の水分子が持つ内部エネルギーは膨大である．そのため，気体の水分子が液体に変わるときには，熱を発する（凝結熱）ことになる．一方で，液体の水を気体の水に変えるには熱を加える（気化熱）必要がある．このように状態変化に伴う熱のことを総称して潜熱という．

の水滴が気体になるために，分子はより多くのエネルギーを必要とし，体から熱を奪ったのである．これは凝結熱の逆で「気化熱」と呼ばれる．また，凝結熱や気化熱のように，水の分子の状態が変化することで生まれる熱のことをまとめて「潜熱」という．

　台風の場合には，この凝結熱が重要な役割を果たす．台風の中心付近では，大気は非常に湿っていて上昇気流があるため，気体は上空で冷えて，水蒸気の凝結が起こる．すると，それに伴って，凝結熱が発せられる．これが，台風のエネルギー源となるのである．

コラム 4 ◆ 台風の横顔シリーズ：台風は動く発電所！

　台風はエネルギーの塊だ！　では実際に，台風が持っているエネルギーはどれくらいだろうか？　ある新聞記者の方といっしょに，台風や他の自然現象のエネルギーを見積もったことがある．台風の場合，エネルギーの計算方法はいろいろあるが，まずは雨に着目し，台風に伴う総降水量からエネルギーを計算した．台風の雨はおよそ200～400億トン．200億トンの水蒸気が降水となった場合に放出するエネルギーは，4500

京ジュール．これは，世界中の人類が使う1日の消費エネルギーの約33倍に相当する．つまり1つの台風は，世界の約1月分のエネルギーを作り出している．

　この世界中の消費エネルギーを単位とすると，雲仙普賢岳の噴火（1991～1995年）で3分の1日，伊豆大島の噴火で20分の1日，M9.0の地震で1.4日となる（朝日新聞2013年2月4日）．こうやってほかの自然現象と比べてみると，いかに台風のエネルギーが膨大なのかおわかりであろう．

　エネルギーという観点で見ると，ほかの自然現象と比べて台風は少し違う．例えば，地震や火山は，それまでに貯まったエネルギーを一気に放出している．台風も，上空で起きる水蒸気の凝結で，熱エネルギーを放出している．しかしその熱エネルギーの一部は風に変わり，次のエネルギー源となる水蒸気を海から蒸発させて上空まで運んでいる．つまり，自分が作ったエネルギーの一部は，自分をさらに生き続けさせるために使っているのだ．台風が長生きする秘訣も，そこにある．まさに，台風は「動く発電所」なのだ！

◇◇◆ 4.2 台風の渦 ◆◇◇

(1) なぜ台風は渦を巻くのか？

　台風はどうして渦を巻くのか，その理由について考えておきたい．前節では，気圧傾度力，遠心力，そして，コリオリ力について説明した．簡単におさらいしておくと，気圧傾度力は気圧の高い方から低い方に向かう力，遠心力は回転している渦から見たときに回転軸の中心から外向きに働く力，コリオリ力は北半球では運動方向の右側に働く力．これらの力に摩擦力を加えて考えることで，風の流れの向きがおおむねどちらを向いているかを見積もることができる．

　図4.9は，同じ高度で見たときの，等圧線と空気の塊（「空気塊」と呼ぶ）の運動と，その空気塊にかかる力の模式図である．まず，北半球において，地表面と大気との間の摩擦が無視できる高度およそ1kmより上空の自由大気を考える．等圧線がほぼ直線に分布し，回転する成分が弱い風の場合，空気塊にかかる力は気圧傾度力とコリオリ力だけとなり，遠心力はほとんどない（図4.9

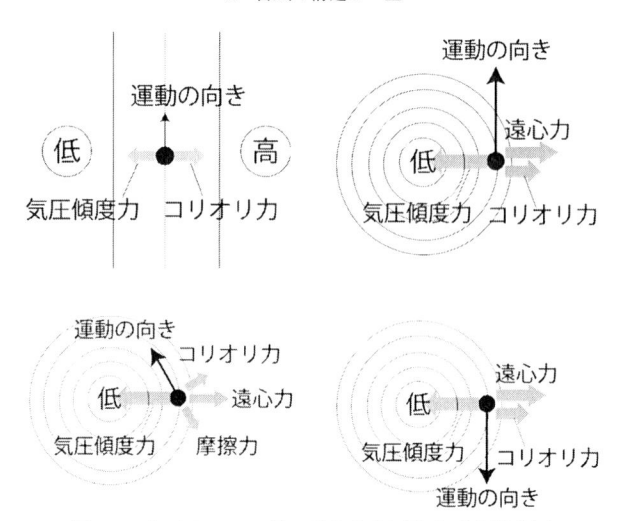

図 4.9　各パターンの風の動きと等圧線を示す模式図
左上：地衡風．気圧傾度力とコリオリ力が働く空気塊の動き，右上：傾度風．気圧傾度力とコリオリ力と遠心力が働く空気塊の動き，左下：傾度風で地表面摩擦が強い大気下層での空気塊の動き，右下：南半球における傾度風．

左上）．気圧傾度力は気圧が高い方から低い方へと向かい，コリオリ力は空気塊が運動している方向から見て右側にかかる．この模式図 4.9 左上のように，空気塊はコリオリ力と気圧傾度力がつり合って，等圧線に平行に運動している．このように，コリオリ力と気圧傾度力がつり合っている状況を「地衡風平衡」の状態，その風を「地衡風」と呼ぶ．

一方，台風の場合，空気塊は回転している．そのため，遠心力が無視できなくなる（ここでは，地球の自転に伴う遠心力ではなく台風の中心の周りを回転運動することに伴う遠心力である）．図 4.9 右上では，風の成分を 2 つに分けて考える．1 つは，円形をとる等圧線に対して接線方向の成分，もう 1 つは円の中心から見た半径方向の成分．前者を「接線風」または「回転の成分」，後者を「動径風」と呼ぶ．図 4.9 右上の場合は動径風がゼロの状態である．この空気塊には，中心方向に気圧傾度力，外向きにコリオリ力と遠心力を合わせた力が働くことになり，その 3 つの力がほぼつり合っている．これが完全につり合っている状態を「傾度風平衡」の状態，その風を「傾度風」と呼ぶ．台風の中心が低圧部であり気圧傾度力が大きくても，コリオリ力と遠心力が反対方向に働くために，自由大気での台風に伴う風は，中心方向に動かず回転運動をしている

のである．また，気圧傾度力が大きいほど，傾度風は大きくなる．

一方，高度 1km より下層の大気と地表面（台風ができるのは海面ではあるが，ここでは地表面と呼ぶ）との間の摩擦が効く境界層においては，摩擦力を加えた力のつり合いを考える必要がある．摩擦力は，大まかにいって，大気の流れの反対向きに働く．気圧傾度力は気圧が低い方向を向き，コリオリ力は運動の方向から右側を向くので，結果として力のつり合いは図 4.9 左下のようになっている．

重要なポイントは，地衡風平衡や傾度風平衡が成り立っている場合，自由大気では回転成分だけなのに対し，摩擦力があると，運動の向きは中心に向かうことである．つまり，動径風が存在する．台風の中心付近では，積乱雲が活発に発生するような強い上昇流がある．詳細は次節に回すが，内向きの動径風が存在し，空気塊が下層の中心に集まることは，その上昇流発生のきっかけとなる．この地表摩擦の効果で，空気塊が中心に集まることを「摩擦収束」と呼ぶ．

(2) なぜ南半球の台風は逆巻きになるのか？

これまで紹介してきた台風は，すべて上から見て反時計回りの渦巻きであった．しかし，地球上には反時計回りの台風しかないのであろうか？ 時計回りの台風は存在しないのであろうか？

実は，台風の渦巻きは北半球では反時計回り，南半球では時計回りになる．図 4.10 の衛星雲画像には，「ツインサイクロン」または「双子低気圧」と呼ば

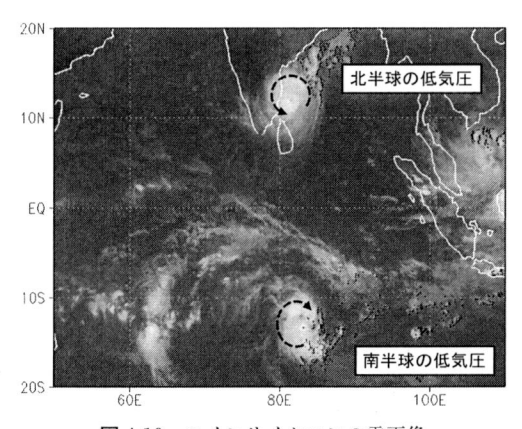

図 4.10　ツインサイクロンの雲画像

れる珍しい現象が観測されている．赤道をはさんで，北半球と南半球の緯度10度あたりで，2つの台風が発生している．この2つの台風は，ほぼ同時に発生し，その後，それぞれ北上と南下しながら発達した．2つの低気圧を比べてみると，その双子の渦は鏡で写したように同じ構造を持っている．つまり，同じ低気圧と雲分布を持ちながら，渦の巻き方は逆になっている．

　このカラクリは，前節の地衡風平衡とコリオリ力の性質を合わせて考えればよい．前節では，コリオリ力は緯度によって異なることを説明した（図4.5）．コリオリ力でもう1つ特徴的な点は，北半球と南半球でコリオリ力の力が作用する向きが逆になることである．図4.9右上を南半球にすると，運動の向きは反対の下向きになる（図4.9の右下）．気圧傾度力は内向き，遠心力は外向きに働くのは南半球の場合でも変わらない．しかしコリオリ力は南半球では左向きに働くため，傾度風は反対向きとなり，時計回りをすることになる．

◇◇◆ 4.3　台風の内部構造　◆◇◇

(1) 台風内部の領域区分と雲の種類

　台風の構造を理解しやすくするために，台風の領域を分類しておく．図4.11は十分に発達した台風の雲分布を上から見た模式図で，図4.12は台風中心を通るように切った断面を横から見た模式図である．台風に伴う雲が存在する領域を「台風領域」とする．そして，台風領域を2つに区分する．台風の中心から

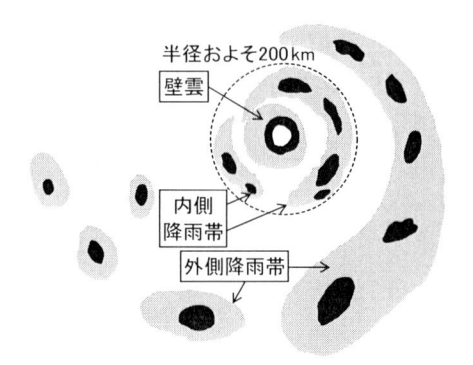

図 4.11　台風に伴う雲の平面構造を示す模式図
濃い領域は対流雲が活発な領域を示す．

4.3 台風の内部構造

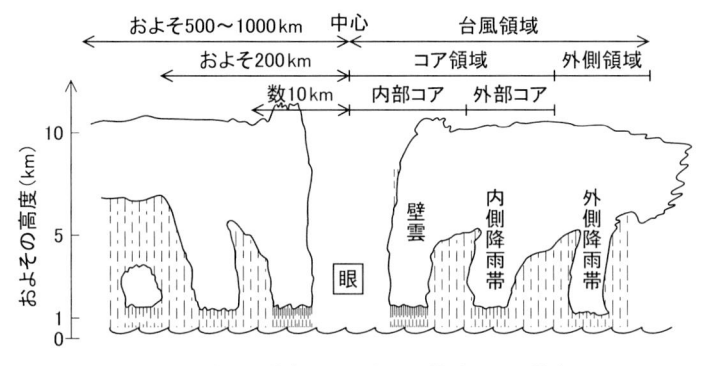

図 4.12 台風に伴う雲の鉛直断面構造を示す模式図

100〜200 km 程度までの領域は，台風のエネルギーが集中する台風の核となる領域，「コア領域」である．このコア領域では，鉛直断面の雲構造を見ると，中心を挟んでほぼ左右対称になっている．このような構造を「軸対称構造」または「軸対称性が強い構造」と呼ぶ．ホールケーキにナイフを入れて切ったときに，どの切り口でもほぼ同じに見えることが，軸対称構造の身近な例となる．

コア領域の中でも，台風の中心付近で，台風の眼や壁雲（後述）が位置する数 10 km の領域を「内部コア」，それよりも外側で，内側降雨帯（後述）などが発生する領域を「外部コア」と区分する．内部コアは軸対称性が強いが，外部コアはやや軸対称性が弱くなる．そして，コア領域の外側から外側降雨帯までの領域を，「外側領域」と記す．外側領域では，断続的に降水をもたらす雲がらせん状に発達している．この外部領域は，コア領域のような軸対称構造はしていない．

台風に伴う雲を解説する前に，雲の分類をしておく．雲は，その形成要因の違いにより，大きく分けて「対流性の雲（対流雲）」と「層状性の雲（層状雲）」に区別できる．対流雲の典型的なものは「積乱雲」，夏の夕方にもくもくと発達する入道雲である．積乱雲は，強い対流活動に伴って生じる雲で，鉛直方向に厚さ 10 km 以上と背の高い構造を持っている．対流圏界面まで発達すると，それよりも上層に成長できなくなり，水平方向に層状雲が発達する場合がある（図 4.1）．

(2) 内部コアの構造

　内部コアの構造を解説する．台風の中心は，雲が発生していない「台風の眼」である（図 4.11 と図 4.12）．そして，台風の眼の周りは，強い上昇流によって積乱雲が発達している．台風の眼を囲む壁のようであることから，「眼の壁雲」あるいは単に「壁雲」と呼ばれる．

　積乱雲1つは，水平スケール1km程度，その寿命は1時間程度である．そのため，台風の時間・空間スケールから見れば，時間的にも空間的にも小さい現象である．しかし，台風中心付近では上昇流が活発で，積乱雲が次々に発生し，その複数の積乱雲が集まることで，壁雲というより大きなスケールの現象を形成している．また，対流圏上層では台風中心で上昇した空気が外に吹き出すため，壁雲から外に向かって層状雲が広がっている．衛星雲画像などで台風に伴う雲が比較的丸く確認されるのは，上層でこの層状雲が均一に広がっているからである．

　図 4.13 は，数値シミュレーションで得られた，台風中心付近の各気象要素の鉛直断面構造を示している．横軸は台風中心位置からの距離，縦軸は高さを表す．台風中心付近はほぼ軸対称構造を持っているため，この図 4.13 の分布をぐるりと1回転させた構造が，台風コア領域の3次元的な内部構造と考えてよい．また，これからの解説では，高さ方向の表現を，地表面摩擦の影響を受ける境界層（高度は0～およそ1km），対流圏下層（およそ1～4kmで境界層を除く），対流圏中層（およそ4～10km），対流圏上層（およそ10～15km）に区別する．

　軸対称的な台風の周りで吹く風は，2つの循環に分類できる．1つは，真上から見たときに渦を巻いている成分，すなわち，接線風である．もう1つは，中心を通る鉛直断面上で見える風で，動径風と鉛直流を合わせた風である．前者を「一次循環」と呼ぶのに対し，後者を「二次循環」と呼ぶ．まず一次循環の分布（図 4.13 (a)）を見ると，強風域は台風中心から10～50kmほどの壁雲付近（図 4.13 (b)）で，等値線は鉛直方向に立ったような分布をしている．風速60m/sを超える接線風のピークは，境界層上端から対流圏下層で，台風中心よりも10～50km離れた場所にある．二次循環を構成する動径風（図 4.13 (c)）は，地表面摩擦の効果が顕著な境界層では外側から中心に向かう内向きである．この境界層の内向きの風は，風速数m/sと接線風に比べるととても弱い．しかし，4.1節で説明したように境界層の内向きの風があることは，角運動量の保存を考えると，台風の発達にとって重要な役割を果たしている．

4.3 台風の内部構造   73

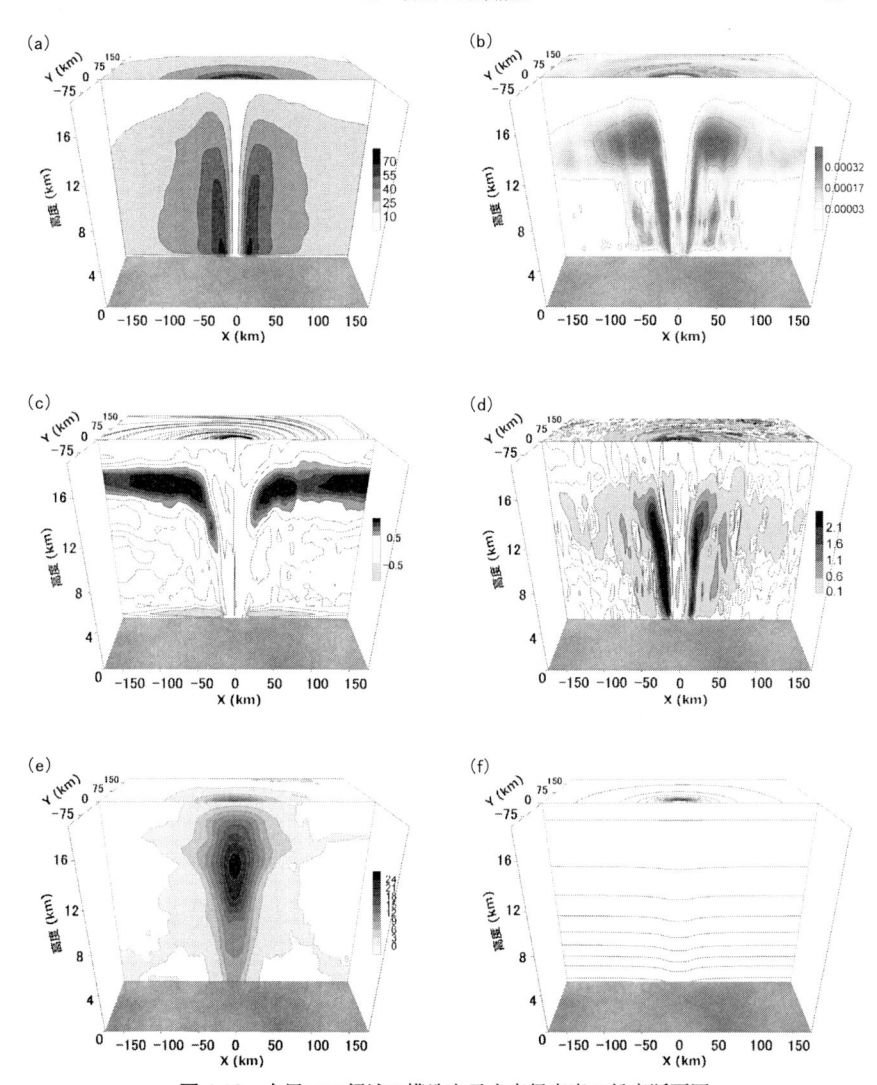

図 4.13 台風コア領域の構造を示す直径高度の鉛直断面図
(a) 接線風速, (b) 雲, (c) 動径風速, (d) 鉛直流, (e) 温度偏差, (f) 等圧線の分布. (a) 断面は 10・25・40・55・70 m/s の等値線, 10 m/s 以上を影にしている. 上面は 8 km 高度の分布を示す. (b) 断面は雲水と雲氷の和で 0.00003, 0.00017, 0.00032 kg/kg の等値線, 0.00003 kg/kg 以上を影にしている. 上面は 10 km 高度の分布を示す. (c) 断面は ±0.5 m/s 以上を影にしている. 上面は 10 km 高度の分布を示す. (d) 断面は 0.1・0.6・1.1・1.6・2.1 m/s の等値線, 上昇流を影にしている. 上面は 8 km 高度の分布を示す. (e) 断面は 0・3・6・9・12・15・18・21・24℃ の等値線, 0℃ 以上を影にしている. 上面は 16 km 高度の分布を示す. (f) 断面は 200・300・400・500・600・700・800・950 hPa の等値線, 上面は 4 km 高度の分布を示す. (サイバネットシステム株式会社協力)

台風中心から約 10～50 km では強い上昇流があり（図 4.13（d）），壁雲の形成に寄与している（図 4.13（b））．対流圏上層では，風は外向きに吹いており（図 4.13（c）），壁雲から外側に向かって層状雲が広がっている（図 4.13（b））．中心付近は湿度がとても低く，雲のない領域，つまり台風の眼となっていることがわかる．

　図 4.13（e）は温度偏差と気圧の分布を示す．この温度偏差とは，その高度の実際の温度ではなく，それぞれの高度の平均温度からの差を表しており，周りよりも温度がどれほど高いか低いかを表している．台風中心の対流圏上層から中層にかけて，周囲よりも約 15℃ ほど暖かい空気がある．この台風中心の暖かい領域を，「暖気核」と呼ぶ．この暖気核は，主に壁雲を構成する積乱雲から放出される凝結熱と下降流によって発生している．下降流があるところでは湿度は低く，台風の中心付近は乾いて台風の眼となっている．また，暖気核があることは，周囲よりも軽い空気が中心にあるということであり，台風中心の低い気圧に対応している．

　図 4.13（f）では等圧線を示している．それぞれの高度の下向きのへこみ方が，気圧の低下量に相当する．それぞれの高度で気圧低下量を比べると，暖気核が顕著な上層ではなく，下層ほど大きい．これは，亀の親子（図 4.3）で説明できる．中心気圧の低下量は，その高度よりも上にある空気の重さに対応する．暖気核のピークが対流圏上層にあったとしても，その高度の気圧は，その高さまで積み重なった暖気核の量であるため，下層ほど低下量が大きくなる．ひ孫亀と孫亀と子亀がのっている親亀にかかる負担と，ひ孫亀と孫亀がのっている子亀にかかる負担は異なるということだ．

　下層ほど気圧低下量が大きいことがわかると，対流圏上層や中層よりも対流圏下層で一次循環が強いことが理解できる．下層では水平方向に大きく気圧が変化することになるため，強い気圧傾度力がかかる．状態が傾度風平衡で近似できることを考えると，遠心力やコリオリ力も強くなっており，接線風が強くなっている．

コラム 5 ◆ 眼の形態学

　台風の眼は丸いと思っている人が多いかもしれないが，よく見てみると，眼の形は四角形や六角形など，多角形になっていることもある．例

えば，村松（1986）は宮古島に接近した台風の眼が六角形になったことを報告している．このような眼のことを特に多角形眼と呼ぶ．この多角形は数十分から数時間をかけてゆっくりと回転するのだが，特に強い台風の対流圏下層によく見られる現象である．この現象は，台風の中心付近に見られる「渦ロスビー波」と呼ばれる大気波動が，雲によって可視化されたものであると考えられる．

さらに，眼の壁雲の外側に，さらなる眼の壁雲ができることもある．台風の眼の中に眼があることから「多重眼」，もしくは「多重壁雲」と呼ぶ．レインバンドのようならせん構造ではなく，同心円状の構造が重なるのだが，外側の壁雲ができると，内側の壁雲はそのあと消滅してしまうことが多い．非常に強い台風においてよく見られる現象であり，2012年には新たな壁雲の外側をさらに壁雲が取り囲むという三重壁雲が見られている（図4.14）．多重壁雲については，複数のメカニズムが提案されているものの，依然としてその成因がよくわかっていない．

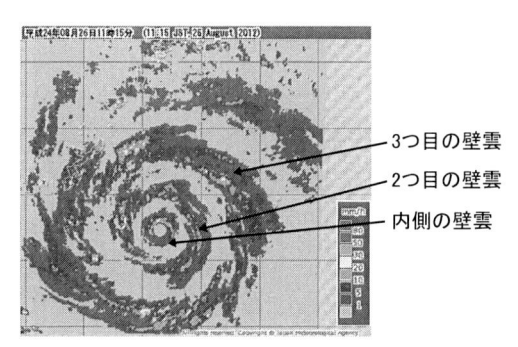

図4.14 2012年台風第15号接近時に見られた三重壁雲
（気象庁ウェブサイトをもとに作成）

(3) 外部コアと外側領域の構造

外部コアと外側領域の構造を解説する．台風の中心から外側に向かって，帯状の降水帯が存在している（図4.11と図4.12）．台風の中心からおよそ100 km程度に発生するこの降水域は「内側降雨帯」，さらに数百km離れた少し外側の領域の激しい降水域は「外側降雨帯」と呼ばれている．外部コアで発生する内側降雨帯と外側領域で発生する外側降雨帯，これらの帯状の降水帯を指して

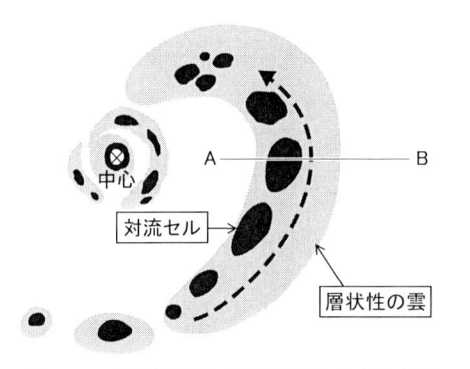

図 4.15 外側降雨帯の平面構造を示す模式図
濃い領域は対流雲が活発な領域を示す.

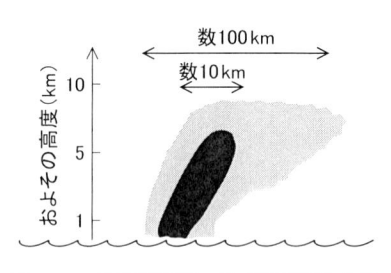

図 4.16 外側降雨帯の鉛直断面構造を示す模式図
濃い領域は対流雲が活発な領域を示す.

「レインバンド」あるいは「スパイラルレインバンド」と呼ぶ.このレインバンドは一様に広がっているわけではなく,壁雲をとり巻くように発生している.

図 4.15 は,これまでの観測結果を集めて作られた外側降雨帯の模式図である.図の濃い影は組織化された対流性の雲域(対流セルと呼ぶ),薄い影は層状雲の領域を表現している.外側降雨帯は,複数の対流セルと,それに伴う層状雲により構成されている.まず,外側降雨帯内の上流側(図の下側)で,対流セルの形成が始まる.対流セルは発達しながら,台風の渦巻きと同じ方向(反時計回り)に移動している.外側降雨帯の中央付近(図の右側)で対流セルは勢力が最大となり,その後,外側降雨帯の下流側(図の上側)に向かい,壁雲に近付きながら衰退する.

図 4.16 は,外側降雨帯中央付近で横切るような鉛直断面で示している.図の左側が台風中心側に対応しているが,対流セルは,高さとともに外側に傾いて発生している.その周りに層状の降水が伴っている.複数の対流セルが外側降雨帯上流で次々に発生し,世代交代を繰り返しながら,台風中心に向かっている.

外側降雨帯内で発達する対流セルのうち,スーパーセルと呼ばれるような強い対流セルに発達するものがある.スーパーセルは,ときには竜巻を伴うことがあり,日本にも甚大な被害を出している.例えば,1999 年 9 月 24 日に東海地方で発生した 3 個の竜巻は,台風 18 号の東側の外側降雨帯内部で発生したスーパーセルによってもたらされた.2006 年 9 月 17 日に宮崎県延岡市で発生した竜巻も,台風 13 号の外側の外側降雨帯が影響している.日本国内の調査では,国内で発生する竜巻の約 20%が台風に伴うものであるといわれている

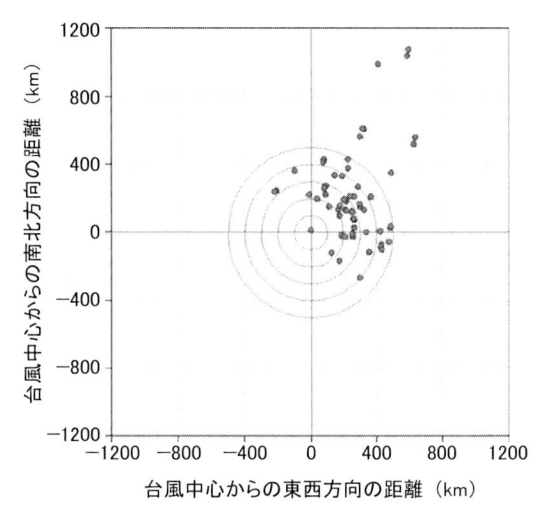

図 4.17 台風中心から見た竜巻の発生位置
（末木健太氏提供）

(Niino et al., 1997)．図 4.17 は，台風の中心から見た竜巻の発生位置である．台風中心よりも 200〜800 km も離れた場所で，北東側から東側で竜巻は発生しやすいことがわかる．このように，竜巻は外側で発達した外側降雨帯で発生していると考えられる．

　外側降雨帯や竜巻については，すべての台風事例で同じ振舞いが観測されているわけではない．それらの構造形成には，対流活動が鍵を握るため，台風の勢力や周囲の環境や地形に大きく影響を受ける．上記に挙げた外側降雨帯の構造は，本質的な構造のみを模式化していることに注意していただきたい．台風に伴う外側降雨帯や竜巻は暴風と豪雨をもたらし，その理解は防災の観点からも重要である．しかし，この多様性に富んだ構造を完全に理解するのは難しく，まだ研究面では発展途上の分野である．

コラム 6 ◆ 最も気圧が低いところは台風の中心ではない？ プレッシャーディップ！

　台風情報として流れる「台風の最低気圧」．これは，台風中心の気圧を

指していて，台風強度の指標にもなっている．しかし，気圧が最も低いところは，必ず台風の中心なのであろうか？

図 4.18 は，1998 年台風 10 号通過時に，岡山地方気象台で観測された気圧の時系列である．1 地点で観測された気圧の時間変化は，台風が近付いてくることで気圧は低下し，台風が離れていくにつれて上昇する．しかしよく見ると，この台風通過に伴うお椀のような気圧変化とは別に，0:00〜0:30 ごろで，約 4 hPa の急低下と急上昇が観測されている．このくぼみ状の気圧変化は，「プレッシャーディップ」と呼ばれる現象である．プレッシャーディップは，台風中心とは異なる場所で発生する小規模な低圧部であり，台風の通過とともに各地で観測される．典型的なプレッシャーディップの発生場所は，台風の進行方向後方で，台風の中心から 50〜300 km ほど離れている．プレッシャーディップの気圧低下は数 hPa から 10 hPa になり，台風中心気圧よりも下回ることもあるのだ．

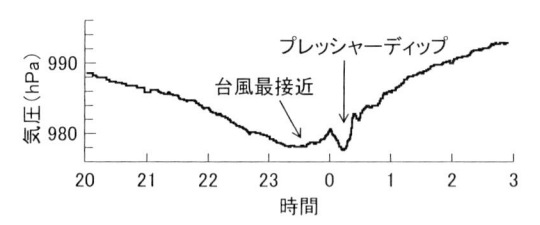

図 4.18　1998 年 10 月 16〜17 日に岡山地方気象台で観測された気圧の時間変化（Fudeyasu et al., 2007）

◇◇◆ 4.4　台風の一生 ◆◇◇

海の上で誕生した台風は発達し，最盛期を迎えたあと衰弱し，やがて消滅する．これが台風の一生である．北西太平洋における台風の平均寿命は約 5.3 日（図 3.12）．この寿命の平均値は，台風の定義である最大風速 17 m/s を超え，台風としての構造を保っている長さである．しかし，後述する発生期や温帯低気圧になっている期間を加えると，多くの台風の寿命は 10 日以上となる．これは，ほぼ同じ水平スケールを持つほかの大気現象と比べて長い．台風は「長寿の渦」といえる．

4.4 台風の一生

台風の一生は，発生期，発達期，最盛期，衰弱期というライフステージに区別できる．それぞれのライフステージの定義は，台風研究者の間でも見解が違う部分もあるが，本書では下記のように定義する．

台風のライフステージの定義
発生期：弱い熱帯低気圧として検出されてから，最大風速 17 m/s の強度に
　達するまでの期間
発達期：台風と認定されてから，台風強度が増加して最大に達する期間
最盛期：台風強度が最大に達してから，ほぼ一定に保たれる状態の期間
衰弱期：台風強度が低下して渦が消滅するまでの期間

ここでは，日本に接近した 2010 年の台風 14 号を典型例として，雲画像や強度変化の結果を見ながら，それぞれのライフステージを紹介する．

(1) 発 生 期

気象庁は，「10月25日にフィリピン海沖で台風第14号が発生した」と発表している．そもそも気象庁が発表する「台風の発生」とは，熱帯海域で発生した熱帯低気圧が，さらに発達して，最大風速が 17 m/s に達したときを指して

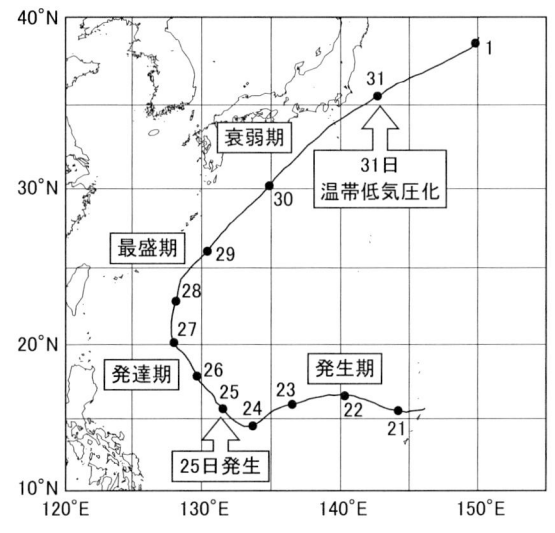

図 4.19 2010 年台風 14 号の経路図
黒丸は日本時間．（米国海軍のデータをもとに作成）

いる.しかしながら,その発生までは何もなかったところに急に空気の渦巻きが生じたわけではなく,熱帯低気圧が次第に発達して,最大風速が17m/sに達したのである.大気現象として見方を変えれば,この気象庁が定義する強度の閾値を超える以前の渦も,台風のライフサイクルの一部と考えることができる.

図4.19は,米国海軍が提供した台風14号のデータから作成した台風経路図である.この熱帯低気圧は,フィリピン沖よりもさらに東の海上にあり,ゆっくりと西進した.図4.20は,発生期最初のころ（台風になる4日前）の衛星雲画像である.この期間,亜熱帯海域では,数100kmスケールでまとまった雲域がいくつか点在している.そのうちの帯状にまとまった雲が,将来の台風14号である.

図4.21は,台風中心の位置を固定して見た衛星雲画像である.発生期では,積乱雲が活発に発生し,それらが集まって「クラウドクラスター」と呼ばれる雲の塊が形成される.クラウドクラスターは,水平スケール数百kmから,大

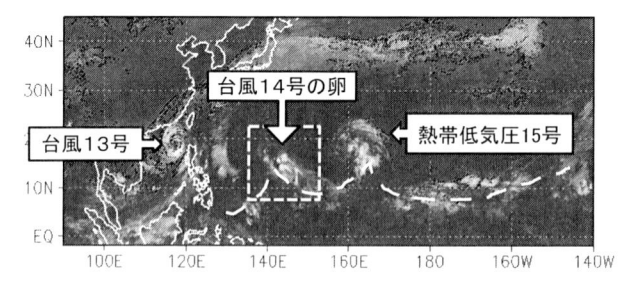

図 4.20 2010年10月21日4時の衛星雲画像
四角に囲った領域は図4.21の左の領域に対応する.破線は,6章で解説する.

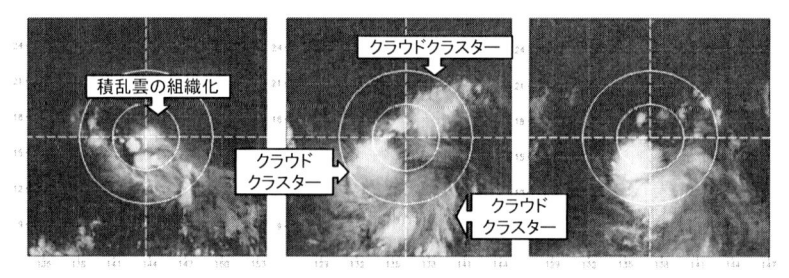

図 4.21 2010年台風14号発生期のときの衛星雲画像
左から10月21日4時,21日22時,23日8時.2つの同心円は,熱帯低気圧の中心から約300kmと600kmの距離.（熱帯低気圧の中心は米国海軍のデータをもとに作成）

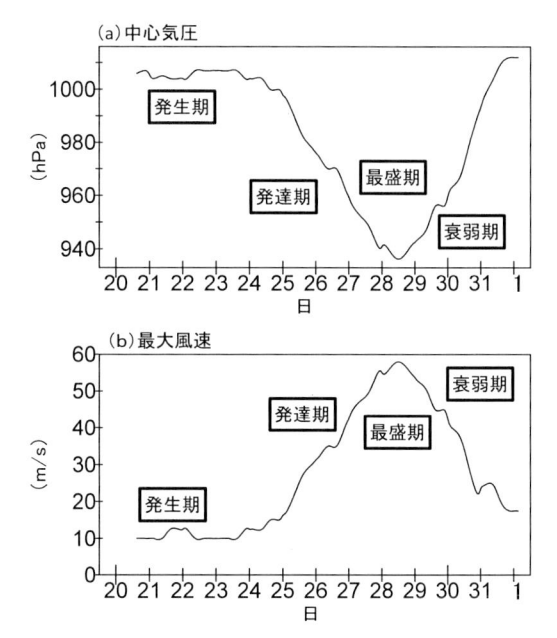

図 4.22 2010年台風14号の中心気圧（a）と最大風速（b）の時間変化
（米国海軍のデータをもとに作成）

きいもので1000kmにも及ぶ．寿命は1〜数日程度と比較的長い．このクラウドクラスターは，熱帯低気圧や台風の発生をもたらすため，まさに「台風の卵」である．最初の段階では，複数のクラウドクラスターがバンド状に分布しているが，時間が経つにつれて，いくつかのクラウドクラスターが合併して，やがて大きな1つの雲域にまとまりだす．最終的に，やや丸い分布に変わる．

図4.22は，台風14号における最大風速と中心気圧の時間変化である．最大風速と中心気圧は，その台風の強度の指標となる．発生期では，台風の強度はまだ弱く，変化が小さいことを示している．

(2) 発　達　期

24日18時（日本時間），変化の緩やかな発生期から一変し，何かのスイッチが入ったかのように，中心気圧は急激に下がり始め，最大風速も増加する（図4.22）．この期間が台風の発達期である．

衛星雲画像（図4.23）によると，台風の渦巻きがはっきりし始めて，渦の中

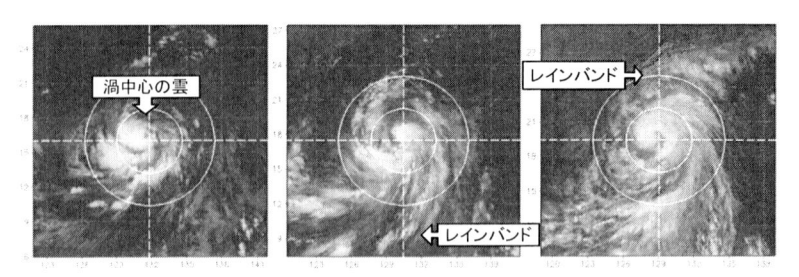

図 4.23 2010年台風14号発達期のときの衛星雲画像
左から10月25日0時, 25日20時, 26日13時.

心付近では雲活動が活発になる．中心から約 500 km 離れた外側にはレインバンドが発生する．このレインバンドは，はじめは台風の南側（図の下側）から，東側を通り北側に向かい，中心に巻き込むようなかたちで発達する．徐々に台風の特徴的な構造を持ち始める．

(3) 最盛期

台風14号の強度は，28日12時ごろにピークに達する．最大風速や中心気圧は，この台風の一生の中で最も強い（図4.22）．この最大の勢力を持った期間は約1日続く．この期間が最盛期である．衛星雲画像（図4.24）から，はっきりとした台風の眼が観測されている．

台風14号は発達期まで北西進していたが，沖縄諸島の南で北東進に進行方向が変わっている（図4.19）．このように台風の進行方向が変わることを「転向」と呼ぶ．台風は，主に周囲の風に駆動されていることを考えれば（詳細は5章），台風14号が東よりに移動方向を変えたのは，偏西風の影響を受け始

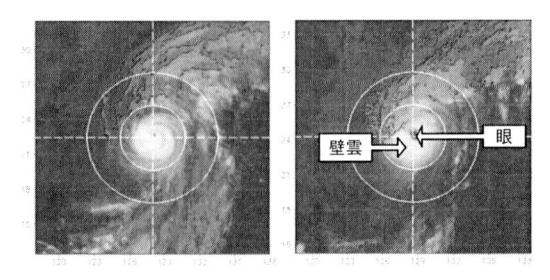

図 4.24 2010年台風14号最盛期のときの衛星雲画像
左から10月27日22時, 28日11時.

たと考えてよい．ちなみに本書の調査では，北西太平洋で発生した台風のうちおよそ3割が転向している．

ちょうど台風14号が転向したときに，最盛期から衰弱期に変わる．これは，台風の発達に好都合な熱帯地域から，台風の発達に不向きな中緯度地域に移ってきたために，発達がここでおさまったからだと考えられる．ほかの台風事例を見ても，転向点と台風の最盛期が一致する場合は多い．

(4) 衰弱期

発達に適さない環境に入ると，台風は徐々に衰弱していく．台風が衰弱する理由はいくつか考えられる．その1つは海面水温の低下である．台風は，熱帯海域のような暖かい海面から水蒸気という形でエネルギーを受け取っている（詳細は5章）．中緯度の海域は海水の温度は低く，海面からの水蒸気供給が減少すると，台風は十分なエネルギーを得られなくなる．陸地に台風が上陸すれば，もはや「燃料がない車」と同じである．さらに，陸地のでこぼことした地形は地表摩擦の増加をもたらし，台風の衰弱を早める．また，上空の偏西風が強いところなど，下層と上層の風が大きく違うところでは，台風の構造が崩されやすく衰弱しやすい．

台風の勢力が衰えると，台風中心付近の雲構造は崩れる．後述する暖気核も消滅し，中心気圧も上昇する．そして，最大風速は弱まる（図4.22）．気象庁は，台風の構造が崩れたときには温帯低気圧と判定し，台風の構造は保っているが最大風速17 m/sを下回る強度になったときに熱帯低気圧と判定する．熱帯低気圧となった多くの場合はそのまま消滅を迎える．

(5) 温帯低気圧化

中緯度まで北上した台風の多くは，上空が冷たく軸対称性が崩れた温帯低気圧の構造に変化する．この構造変化を「温帯低気圧化（略して温低化）」と呼ぶ．気象庁が発表する「台風は温帯低気圧に変わりました」は，この温低化の完了を意味する．しかし，このように聞くと，台風が弱体化したと思いがちだが，風速17 m/sを下回っているとは限らない．台風が温低化完了に達するパターンは2通りある．勢力を弱めて熱帯低気圧と判定されて，そのあとさらに構造変化が始まって温帯低気圧となるパターンと，台風の構造が変化して，温帯低気圧と呼ばれるパターンである．後者の場合は，風速30 m/s以上の強い

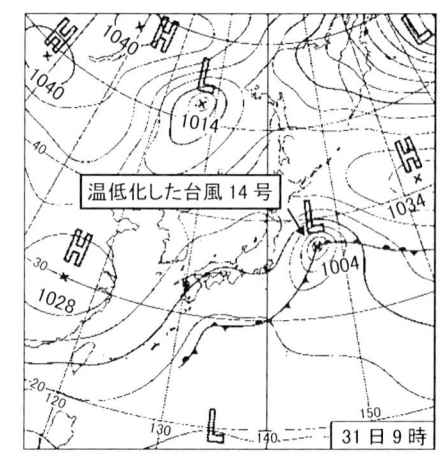

図 4.25 2010 年 10 月 31 日 9 時の地上天気図

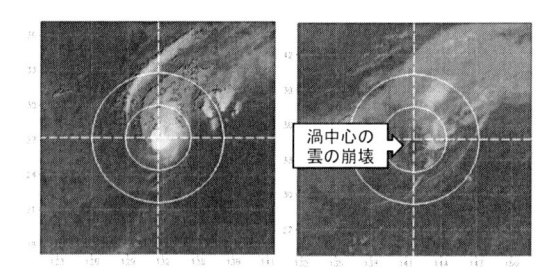

図 4.26 2010 年台風 14 号衰弱期のときの衛星雲画像
左から 10 月 29 日 10 時，30 日 22 時．

風が吹くような温帯低気圧に変質した場合でも，「温帯低気圧に変わった」と表現される．例えば 2009 年の台風 20 号は，温帯低気圧に変わったあとで 956 hPa という中心気圧に達するなど強い勢力を維持した．この再発達は，中緯度の気圧の谷やジェットが温帯低気圧の発達に適した状態にあるかがカギをにぎっている．まさに「腐っても台（タイ）」である．

気象庁は，「台風 14 号は，10 月 31 日に温帯低気圧に変わった」と発表している．図 4.25 は，10 月 31 日の天気図であるが，かつての台風 14 号は，温帯低気圧の特徴である前線を持っている．図 4.26 の衛星雲画像からも，台風中心付近の雲域は崩れていき，徐々に前線性の雲分布に変わっていることが確認できる．ちなみに，台風 14 号由来の温帯低気圧は，11 月 1 日午後 3 時に消滅し

た．しかし，低気圧に伴う前線は7日まで残っていた．

コラム7 ◆ 台風の横顔シリーズ：台風は線香花火！

　日本の風情の1つ，線香花火．暑い夏の夜，線香花火を楽しんでいると，つい台風を想像してしまう．あの水平スケール数千 km にも及ぶ激しい大気現象が，手元で寂しげに光る数十 cm の線香花火と，いったい何が重なるのか…？

　台風の誕生は，積乱雲が活発に発生をするところから始まる．初期の段階では，積乱雲があちこちで発生しては消滅を繰り返すが，そのうち積乱雲はある場所で集中的に発生するようになる．台風の「コア」の誕生である．線香花火の始まりも，火薬部分に火をつけると，ある程度の時間，外向きに火花が飛び散る．時間が経つと，徐々にその火花はなくなり，火薬のところでまん丸く大きな火の球ができていく．線香花火の「玉」の誕生である．

　誕生後の台風の一生は，線香花火とよく似たストーリーをたどる．台風の発達には，コアが崩れないことが重要であり，そのためには鉛直シアーが小さい方がよい（5章）．つまり，周囲の風の影響はない方がよい．線香花火も，長持ちさせるためには玉が落ちないことが重要であり，手をかざすなどして，周りの風の影響を受けないようにする．線香花火の最後は，火薬が尽きるか，玉が落ちてなくなるときであるが，それはまるで，台風が周囲の風などによってコアの雲域がかき消される様子や，上陸して海からのエネルギーを受けとれなくなることによく似ている．

　台風の寿命は数日であり，長寿が特徴だと紹介した．線香花火も，数日とはいかないが，花火の中では長寿であろう．軸対称構造を持つ台風，線香花火も玉はまんまる．実に，台風と線香花火には共通点がいっぱいあるのだ．

　ぜひ一度，線香花火を楽しむときには，台風に思いをはせてはいかがだろうか？　おっと最後に…台風も線香花火も，どちらも日本の夏の風物詩でしょう．おあとがよろしいようで．

5

台風のメカニズム

本章では，台風の発生・発達や温低化という構造変化がどのようにして起きるのか，また，台風の移動にはどのようなメカニズムが働いているのかについて，科学的なメスを入れる．

◇◇◆ 5.1 発生メカニズム：台風誕生の謎 ◆◇◇

(1) 発生環境の条件

台風は，地球上どこでも誕生しているわけではない．図3.16の世界の台風の発生域を見ると，最も多いのは熱帯・亜熱帯の海上だとわかる．さらに，北太平洋やインド洋では台風が頻繁に発生しているが，南東太平洋や南大西洋ではほとんど確認されていない．この分布から，台風発生に必要な環境が浮き彫りになってくる．まずは，台風発生に必要と考えられている環境条件を以下に示す．

発生環境の条件
①コリオリ力がある程度の大きさで働くこと
②海面から水深60mまで約26℃以上の暖かい海水が十分に存在すること
③対流圏下層に大規模な低気圧性渦度が存在すること
④対流圏上層と下層の風の強さと向きが近いこと
⑤大気の状態が不安定なこと
⑥対流圏中層が湿っていること

条件①のコリオリ力（4章）の必要性については，台風発生分布の図3.16で，

ほとんど赤道付近に台風発生が確認できないことが裏付けとなる．コリオリ力は緯度に依存しており，赤道付近ではほとんどゼロになる．これは赤道付近では地球の自転に起因する角運動量が大きくなく，低気圧性の循環を作ることが難しいことに対応している．現実には，赤道付近で発生するという台風（例えば2001年北西太平洋で発生した台風26号）も観測されているが，やはりまれなケースのようである．

　台風のエネルギー源は暖かい海水から供給される水蒸気であるため（4章），条件②のように海面の水温が高いほど台風の発生に適している．しかし，強風により海水の鉛直方向のかき混ぜ効果が起きるため，台風直下では水温が低下する（詳細は6章）．そのかき混ぜ効果に打ち勝つために，ある程度の深いところまでの水温が高いことが必要となる．台風がほとんど発生していない南東太平洋や南大西洋では，海域の水温は比較的低い．この2つの海域では，ほかの条件もそろっていない場合が多く，台風発生には適していない．

　4章では，渦度という概念を説明した．台風は，強い正（北半球では低気圧性を表す）の渦度が集中している領域である．渦度は急激に増えたり減ったりすることはほとんどないので，条件③のように，大規模な低気圧性の渦度が豊富な環境の方が，台風の発生・発達に好都合となる．例えば，北西太平洋では，モンスーントラフと太平洋高気圧が夏季に勢力を強める．モンスーントラフとは，インド洋から吹き込む南西風と太平洋高気圧から吹き出す北東風（貿易風）がぶつかり，南シナ海からフィリピン沖にできる大規模な気圧の谷（気圧が低いところ）の領域である．そのため，モンスーントラフは正（低気圧性）の渦度で満たされているので，この領域内で台風は頻繁に発生する．一方，太平洋高気圧帯は負（高気圧性）の渦度の領域になっていて台風は発生しにくい（大規模な下降気流の領域になっているのも，台風発生を抑制する要因となる）．

　条件④，⑤，⑥は，台風の発生にとって不都合ではないことを意味する条件と考えると理解しやすい．対流圏上層と下層の風の差を，「鉛直シアー」と呼ぶ．鉛直シアーが大きい環境では，台風構造の中心となる暖気核構造が崩れてしまうなどの理由で，台風の形成に不都合な状況になる．夏季にもかかわらず，ベンガル湾での台風発生数が7～8月で少なくなる（図3.20）のは，鉛直シアーが大きいことが主な原因と考えられている．また，大気が安定で乾燥していれば，積乱雲が活発に発生するのは難しい．このような環境だと，結果的に台風の卵とも呼ばれる多くの積乱雲が組織化したクラウドクラスターは形成され

にくい．いい換えれば，これらの条件④〜⑥では，台風の発生メカニズムが働くことを阻害する要因が小さいことが台風発生に都合がよいと考えられる．

> **コラム8 ◆ 台風の横顔シリーズ：台風はカンガルーの袋の中で生まれる？**
>
> 　台風の一生は，人間や動物の一生によくたとえられる．例えば，台風が発生する初期段階は，「台風の赤ちゃん」や「台風の卵」と呼ばれる．赤ちゃんは，親の手を借りなければ，移動も食事もできない．親が赤ちゃんをちゃんと育てられるかどうか…台風も同じである．台風の場合，積乱雲の集団よりもサイズが大きな低圧部（本編ではトリガーと呼んでいる）が親となる．親が，台風発生にとって周囲の悪い影響から（本編では発生条件④〜⑥と対応する），台風の赤ちゃんを守られるかどうかが，台風発生の鍵を握っている．近年の台風研究では，親が台風の赤ちゃんを守る姿を，カンガルーなどの有袋類の子育てに見たてて，有袋類説と名付けた研究者もいるほどだ！　まさに，台風は「カンガルーの袋の中」で生まれている．

(2) 台風発生の後押しをする力

　上記の発生条件を満たした環境が，台風発生に対して必要な条件となる（筆保，2013a）．しかしながら，これらの条件は，台風の発生に好都合であるというだけにすぎず，その条件を満たすならば常に台風が発生するというわけではない．

　注目したいのは，台風の卵とも呼ばれるクラウドクラスターの存在である．クラウドクラスターがなければ，台風の発生はないと考えている研究者も多い．このクラウドクラスターの発生には，前述の条件を満たした好環境の中で，さらにその発生を後押しするような外部からの力が必要となる．本書では，その外部の力をトリガー（引き金）と記す．暖かい海上と不安定で湿潤な大気の中，このトリガーが働くことで，積乱雲が次々に発生し，クラウドクラスターというまとまった雲域が組織化する．条件③の「大規模な低気圧性渦度の存在」も

広い意味ではトリガーと同じことであるが，ここでは，例えば「モンスーントラフ」のように，もっと具体的な現象を考える．

　北西太平洋の台風発生を導くトリガーは，低緯度の偏東風（貿易風）や，モンスーントラフの南側でインド洋から吹き込む「モンスーン西風」などの大規模な現象が挙げられる（図5.1）．偏東風の中で発生する「偏東風波動」の領域でも，クラウドクラスターが次々に発生する．また，偏東風がモンスーン西風とぶつかる「合流域」や，東西風の向きが緯度方向で急変する「シアーライン」でも台風は発生している．近年の研究（Yoshida and Ishikawa, 2013）では，北西太平洋で発生した台風（台風の卵を含む）のうち，42%がシアーライン，6%が合流域，18%が偏東風波動という割合で影響を受けていることがわかった．

　熱帯には，「熱帯波動」と呼ばれるさまざまな特徴を持った大気の波が発生し，台風の発生に関係している．北西太平洋のトリガーの中でも，主要な2つの熱帯波動を紹介する．まずは「偏東風波動」である．4章で例に挙げた2010年の台風14号の発生は，この偏東風波動の影響を受けている．図4.20は，台風14号が発生しようとしているときの衛星雲画像である．北緯10度付近には，断続的ではあるが，東太平洋から西に延びた雲域があり，それが南北に蛇行している（図4.20の破線）．この波のようなかたちの雲域は，時間とともにゆっくりと西に進む．そして，波の振幅は徐々に大きくなり，その北側でクラウドクラスターは形成されて台風が発生する．この蛇行しながら東西に延びる雲域の列が偏東風波動であり，台風発生を導くトリガーの1つとなる．

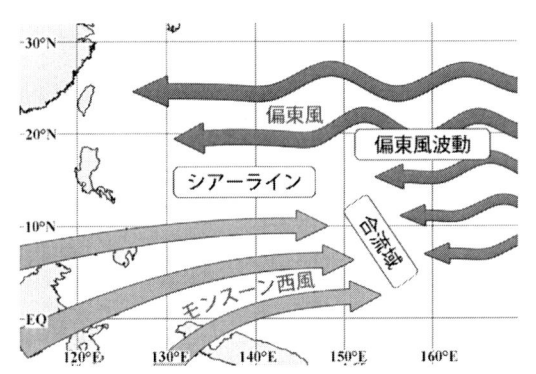

図5.1 北西太平洋の台風発生を導くトリガーを示す模式図
（吉田龍二氏提供）

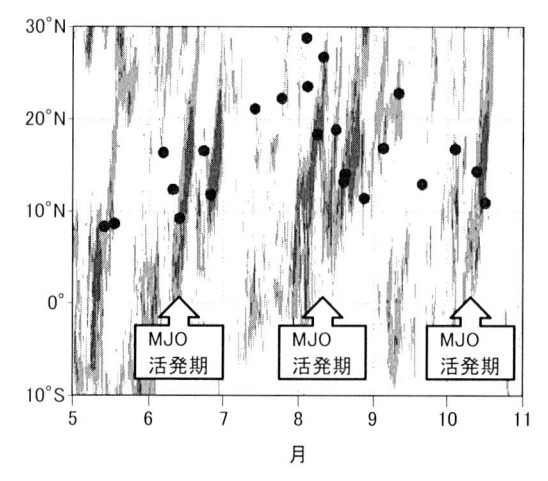

図 5.2 マッデンジュリアン振動（MJO）と台風発生の関係
影は 2004 年 5～10 月の東経 100～140 度において雲域が活発な領域．黒丸は台風発生を示す．

　もう1つは，「マッデンジュリアン振動」と名付けられた熱帯の大規模波動である．このマッデンジュリアン振動は，インド洋や北西太平洋の台風発生に影響を及ぼしていることが知られている．マッデンジュリアン振動は，水平スケール数百～数千 km という大規模な雲域を伴う．インド洋熱帯域で発生し，ゆっくりと東に進んで太平洋までやってくる．発生の周期が 30～60 日という比較的長い時間であるため，ひとたびマッデンジュリアン振動が北西太平洋で発達すれば，その影響期間は長い．図 5.2 は，マッデンジュリアン振動が発生した 2004 年の台風発生時と緯度を示している．この年の夏に，マッデンジュリアン振動は 3 回発生していて，それに伴う大規模な雲域は，5 月下旬から 6 月下旬，7 月下旬から 8 月下旬，9 月中旬から 10 月中旬に西太平洋で活発化している．その活発期間中に，複数の台風が続けて発生している．このように，マッデンジュリアン振動の活動は，多くの台風発生に影響を与える．

　ほかのトリガーで興味深いのは，台風自身がほかの台風の発生を導くトリガーとなり得るという点である．図 5.3 は，2000 年の台風 8 号と台風 9 号の例である．九州の南の海上をゆっくりと西進して中国に上陸するまで，台風 8 号はその東側に高気圧性の渦（時計回り），そのさらに南東側には低気圧性の渦（反時計回り）を形成した．そして，低気圧性の渦がトリガーとなり，クラウドク

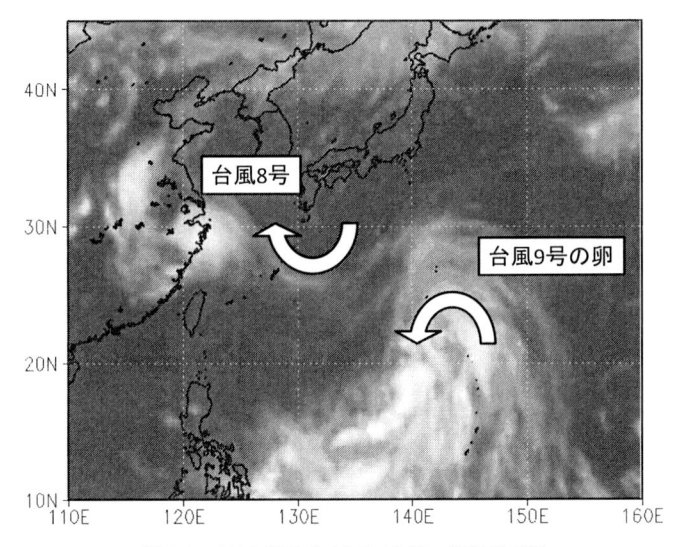

図 5.3 2000 年 8 月 10 日 19 時の衛星雲画像
台風 8 号が台風 9 号の発生に影響をしている.

ラスターが形成され，やがて台風 9 号は発生した．前述の統計的な研究（Yoshida and Ishikawa, 2013）では，この既存の台風がトリガーになる事例はおよそ 9% と，割合としては小さい．しかし，この場合は台風が連続的に発生することになるため，防災上注意が必要なケースとなる．

(3) 構造形成メカニズム

　台風の卵と呼ばれるクラウドクラスター．しかし，その卵が常に雛にかえって台風になるわけではない．図 4.20 は 2010 年の台風 14 号が発生しようとしているときの衛星雲画像である．前述のとおり，偏東風波動がトリガーとなり，台風 14 号は発生した．台風 14 号の卵がこれから台風にかえろうとしている一方，それよりも東へ 2000 km ほど離れたところに，同じように偏東風波動をトリガーとして，クラウドクラスターが発生している．米国の気象機関は，このクラウドクラスターを熱帯低気圧 15 号とし，この卵も台風になるのではないかと注目していた．しかし実際には，西側の卵は台風になり，東側の卵は 1 週間ほどそのあたりで滞在しながら，27 日に台風にならないまま消滅した．

　実は，台風の卵が無事に台風になれることは少ない．クラウドクラスターの

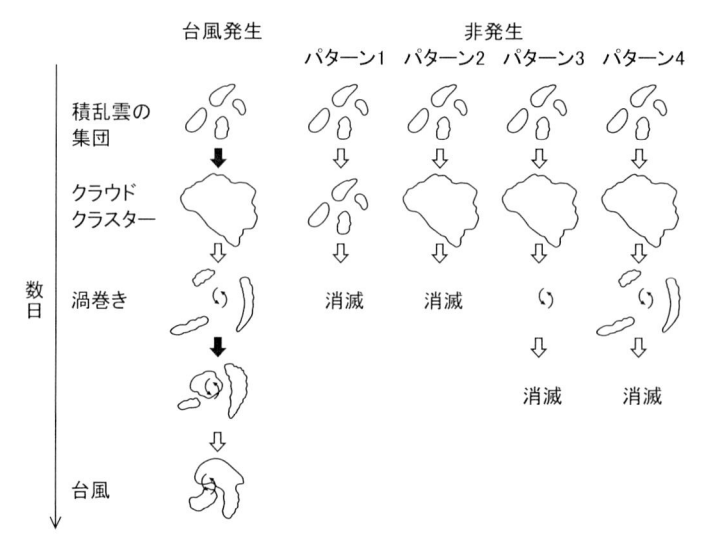

図 5.4 積乱雲の集団から台風発生に向かうまでの雲分布パターンの模式図
一番左の列が台風形成が完了した場合，それ以外は不完全な様子．
(Zehr (1992) をもとに作成)

数え方にもよるが，近年の研究では，世界中の熱帯で発生したクラウドクラスターのうちわずか 7%，北西太平洋に限ると 12% しか台風にならないと報告されている (Hennon et al., 2013). つまり，台風の卵がりっぱに成長できるのは，およそ 10 分の 1 の確率．台風になることは，それほど特別なことなのである．

前章では，発達期や成熟期の台風の内部構造を紹介した．しかし，クラウドクラスターや台風の卵の状態では，傾度風平衡を満たす渦（図 4.9 右上）になっているわけではない．何らかのメカニズムが働き，雲と渦が絶妙に関係し合った台風の構造が形成されている．

図 5.4 は，衛星雲画像から観察したスケッチである．複数のクラウドクラスターが 1 つにまとまり，徐々に渦を巻いて台風形成に向かっていくのが典型的な発生期の特徴である．一方，発生しないパターンは，次々とクラウドクラスターが発達と消滅を繰り返すものの最後までまとまらなかったり，渦を巻かないまま雲の塊が衰弱していく．クラウドクラスターと渦の両方が発生・発達し，そして台風構造を形成することが，台風発生までの道のりと考えられている．この発生メカニズムは，まだ完全に解き明かされていない．そして，いまもなお世界中の台風研究者を魅了するトピックであり，活発な研究が続いている

(筆保, 2013b).

> ### コラム 9 ◆ 台風誕生の謎に迫る：トップダウン仮説 vs ボトムアップ仮説
>
> 　台風誕生の謎．20世紀半ばから，多くの研究者がこのテーマに魅了されて挑んできた．現在のところ有力とされているのは，通称「トップダウン」と「ボトムアップ」と呼ばれている2つの仮説である．1990年代後半に発表されたトップダウン仮説（Ritchie and Holland, 1997；Simpson et al., 1997；Bister and Emanuel, 1997）では，クラウドクラスター内の層状雲で発生する1つまたは複数の渦が，対流圏中層から下層に向かって強化されて，台風の渦に成長するというストーリーを描いた（図5.5左）．もう1つのボトムアップ仮説は，2000年代半ばに提案された仮説（Hendrics et al., 2004；Montgomery et al., 2006）であり，積乱雲に伴う対流圏下層を起源とした強い渦が発生し，その複数が併合し合って，台風の渦に成長するストーリーである（図5.5右）．このように，台風発生メカニズムの主役となる最初の渦は，上からの渦なのか，下からの渦なのか，それともほかのメカニズムは考えられないのか．いまでも決着はついておらず，激しい議論が世界中で続いている．
>
> **図5.5** トップダウン仮説（左）とボトムアップ仮説（右）の模式図（吉田龍二氏提供）

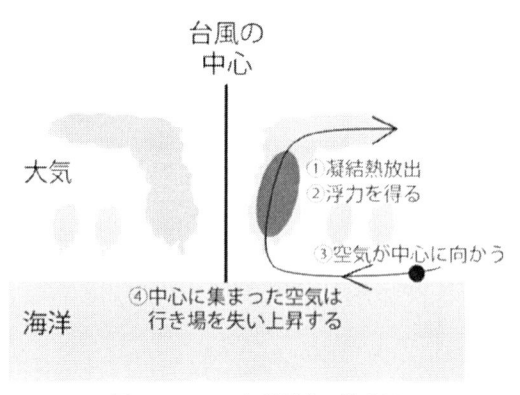

図 5.6 CISK を説明する模式図
台風の中心を切る鉛直断面図.

◇◇◆ 5.2 発達メカニズム：2つの理論と台風エンジン ◆◇◇

(1) 積乱雲と渦の絆メカニズム：CISK

　台風は，地表面の摩擦抵抗を受けて減衰している．しかし，その摩擦による減衰効果があるにもかかわらず，発生・発達期の台風渦は強まる．どのようにして摩擦に打ち勝ちながら，台風渦は発達できるのか，そのメカニズムに迫る．

　1950年代から，多くの気象学者が，台風発達の謎に挑んできた．まず，長い間，台風の発達メカニズムとして用いられてきた「CISK（conditional instability of the second kind，シスク）」を紹介する．CISKは，1960年代に大山勝通（Ooyama, 1969），そしてほぼ同時期に Charney と Eliassen（Charney and Eliassen, 1964）により提唱された．日本では，CISK を「第2種条件付き不安定」と訳し，いまでも台風の発達の理解に用いられている．ちなみに，「第1種条件付き不安定」は，対流活動が（条件付き）不安定成層中で活発化することを指す．

　図 5.6 は CISK の概念を説明した模式図である．境界層内では，地表面摩擦（地表面といっても，海上にいる台風の場合なので海面を指す）によって，接線方向のほかに，台風の中心へ向かうように吹く内向きの風も発生する．この内向きの風のため，周囲の暖かい湿った空気は，台風の中心に運ばれる．台風中心の狭い領域に集まった空気は，行き場を失って強制的に上昇させられる．こ

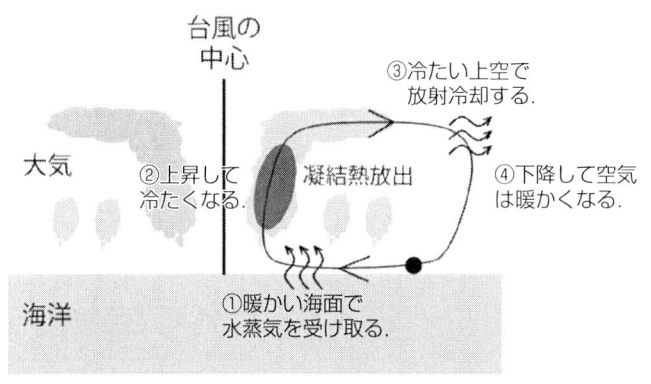

図 5.7 WISHE を説明する模式図
台風の中心を切る鉛直断面図. 図中の番号はカルノーサイクルの流れ（p.98）に対応する.

の効果が，前章にも登場した「摩擦収束」である．摩擦収束によって上昇した空気は，もし空気が湿っていれば，上空では水蒸気が凝結して浮力を得ることになり，その上昇流は勢いを増す．この凝結が目に見えるようになったものが，背の高い雲，積乱雲である．台風中心付近で摩擦収束が発端となって発生した積乱雲は，台風の中心を囲むように組織化して，台風の壁雲となる．積乱雲の発生が活発化すると，凝結による潜熱の放出も増えて，暖気核が発達する．暖気核の発達により台風の中心気圧の低下が深まり，気圧傾度力も強まる．台風が傾度風平衡の状態にあると，接線風が発達することになる．台風が発達すると，境界層でますます内向きの風が強まる．するとまた摩擦収束が強まり，台風中心付近で積乱雲はさらに活発に発生する．上空で潜熱放出が増加して中心気圧が低下する．CISKとは，積乱雲の群れと台風規模の渦という水平スケールが異なる両者が，お互いを強め合うというメカニズムのことである．

興味深い点は，地表面摩擦の効果である．前述したように，摩擦には減衰効果があって，台風を弱める働きがある．しかし，その一方で，図4.9右下に示すように，摩擦があることで台風の中心に向かわせる風を生み，結果的に摩擦収束による上昇流が起きて，台風が発達する．つまり，地表面摩擦は，台風にとって全く違う2つの顔を持ち合わせている．

CISKの概念は，1970年代以降においても，さらに発展を遂げる．CISKでは摩擦収束の重要性を挙げているが，山岬正紀は，その効果は台風中心付近の

強風域に限られていることに注目した．つまり，台風が発達する段階の壁雲直下では，大山らが提案した CISK が起きているが，それよりも外側の領域や発達の初期段階では，別の摩擦の効果が働いていることを提案している．山岬の多くの著書に記されているので，興味がある読者はぜひそれらから学んでほしい．

(2) 海と大気の絆メカニズム：WISHE

CISK は，大気の不安定性という概念に基づいて台風の発達を説明している．しかし，大気の不安定は，積乱雲を作る対流のかき混ぜ効果などにより，やがて安定に向かう．安定な大気では，活発な上昇流も抑制されて，持続的な積乱雲の発生は起きない．つまり，台風が長期的な期間で発達を続けるには，積乱雲による不安定の解消と同時に，不安定な大気を作り出すメカニズムが必要となる．

1986 年 Emanuel は，不安定の持続をもたらす原因は，強風が吹くことによって海上で水蒸気が大量に大気側に渡されることが重要だとする「WISHE (wind-induced surface heat exchange，ウイッシェ)」を提案した（Emanuel, 1986）．

図 5.7 は WISHE の概念を説明した模式図である．海上で強風になることで，たくさんの水蒸気が海から大気へ供給される．水蒸気を豊富に含んだ空気が中心方向に供給されると，積乱雲の形成も促進される．積乱雲の発達によって上昇流が活発になると，下層ではさらに内向きの風が強化される．海面からの水蒸気の供給は風速が強いほど多いので，風が強まることにより，ますます海から水蒸気が供給され，積乱雲はさらに活発に発生・発達する．すなわち，風速が強くなり海面からの水蒸気供給が多くなることが，台風の発達や維持にとって本質的だという理論である．大気側の不安定と摩擦収束に注目した CISK に対して，WISHE は海面からの水蒸気供給の重要性を指摘している．次項では，エネルギーの観点に立って，台風がどのようなエンジンを積んでいるのかについて，WISHE 理論にのっとって説明を行う．

コラム10 ◆ 熱力学第一法則：子供の体力はおにぎりとオモチャ次第

　台風やエネルギーを考えるうえで，熱力学の第一法則，$\Delta Q = \Delta U + \Delta W$ は重要になる．ΔQ は加えたり除いたりする熱量，ΔU は内部エネルギーの変化分，ΔW は仕事と呼ばれる量である．物理学でいう加熱（ΔQ がプラス）とは，ある物体が別の物体に触れたときに伝達されるエネルギーを指す．例えば，暖かいものに冷たいものが接したときには冷たいものへと熱が伝わっている．内部エネルギー（U）は，分子自身が持つエネルギーの総和である．気体の場合には，分子の運動エネルギーであり，温度に比例する．液体や固体の場合には，運動エネルギーと結合に使われるエネルギーの合計が内部エネルギーとなる．最後に仕事（ΔW）は，物に力を加えて動かすことを数値化したものである．空気が膨張する場合は，周りの空気を押しのけて動かしたことになり，仕事量はプラスとなる．

　この熱力学の第一法則を子供に例えてみよう（図5.8）．おにぎりを，外部から取り込まれるエネルギー源とすると，これが追加した熱量 ΔQ に対応する．子供の体力の増加が内部エネルギー ΔU であり，オモチャを動かして遊ぶことが仕事 ΔW ということになる．例えば，おにぎりを食べなくても（$\Delta Q = 0$），オモチャを動かすことはできるが（ΔW がプラス），その分体力は失われる（ΔU がマイナス）．また，おにぎりを食べて

図5.8　熱力学の第一法則を示した模式図
熱（おにぎり）を外部から取り込む（ΔQ）ことによって，内部エネルギー（体力）は増大し（ΔU），物（オモチャ）を動かす仕事（ΔW）に使うことができる．

も（ΔQ がプラス），オモチャがつまらなくて遊ぶことがなければ（$\Delta W = 0$），その分は内部に体力として蓄えられる（ΔU がプラス），ということである．

(3) カルノーサイクル台風エンジン

これまで説明してきたように，台風のエネルギー源は，水蒸気が凝結する際に放出される潜熱である．別のいい方をすれば，熱エネルギーを持続的に受け取りながらそれを風の運動エネルギーに変換する，いわばエンジンのような機能を台風自身が持っていることを示唆している．

ここでは台風の話から少し離れて，熱エネルギーを運動（仕事）に変えることを具体的に考えてみよう．図5.9は，シリンダーを用いたエンジンの構造を示している．シリンダーに空気を入れて加熱すると，気体は膨張してピストンは外に動く．つまり，加熱が外部への仕事に転化されたわけである．しかし，これではいったん膨張させたらおしまいで，持続的に仕事をすることはできない．そこで，気体をもとの体積に戻してサイクル的に仕事を行うことを考える．このとき，熱力学の第一法則（コラム10）を考えると，加熱 ΔQ を与えて膨らませ，そのまま排熱 $-\Delta Q$ によってもとに戻したのでは，正味の仕事はできな

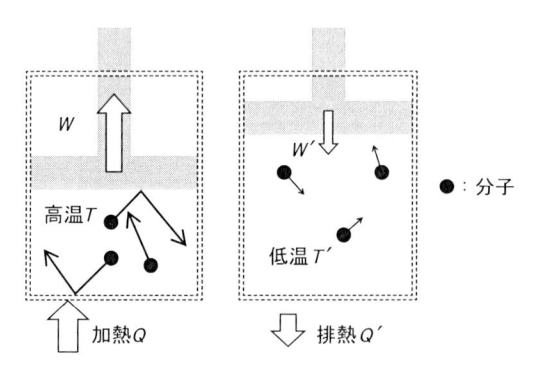

図5.9 カルノーサイクルを示す模式図
内部が高温のときには，強い加熱が外部への大きな仕事につながる．一方で，内部が低温のときには，少しの仕事・排熱でシリンダーをもとの位置に戻すことができる．カルノーサイクル全体での差引きを考えると，熱を加えてそれが仕事に転化されたことになる．

い．そのためには，少し工夫がいる．

それは，加熱するタイミングと排熱するタイミングで，温度を変えることである．気体分子の運動エネルギーは温度に比例しているため，低温の場合には少ない仕事でピストンを押し込むことができる．その一方で，高温の場合には多くの力が必要となる．この性質を利用して，高温のときに加熱し，低温になってから熱の放出を行えば，1サイクルを通じて正味の加熱をしたことになる．実際には，高温の状態から低温の状態，あるいは，低温の状態から高温の状態への移行をどう行うかというのも問題になるが，温度の移行は断熱膨張・断熱圧縮で行うと最も効率的に加熱の効果を仕事に転化できることが知られている．これは，エンジンの理論の基本であり，この一連の流れは「カルノーサイクル」と呼ばれている．

カルノーサイクルの流れ
①高い温度を維持し，外部から熱 ΔQ を加える（$\Delta U=0$, $\Delta Q>0$）．
②断熱膨張により温度を下げる（$\Delta Q=0$, $\Delta U<0$, $\Delta W>0$）．
③低い温度を維持し，外部へと熱が逃げるようにする（$\Delta Q'<\Delta Q$）．
④断熱圧縮により温度を上げる（$\Delta Q=0$, $\Delta U>0$, $\Delta W<0$）．①の状態に戻る．

結局，1サイクルを通じて，差引きで熱 $\Delta Q-\Delta Q'$ が加えられ，気体の温度は最初と最後で変わっていないので，内部エネルギーの変化量はゼロ．ということは，熱力学の第一法則によると，ちょうど正味の加熱 $\Delta Q-\Delta Q'$ の分だけ外部に仕事をしたことになる（図5.8）．

ここまで読んだ皆さんは，「この話と台風に何の関係があるんだろう？」と思われているかもしれない．しかし，台風はカルノーサイクルを満たすようなエンジンだといっても過言ではない．

図5.7を用いて種明かしをしよう．いま，台風の中にある空気の塊は，大ざっぱにいうと，台風の中心付近で上昇し，台風から十分離れた外側でゆっくりと下降するような循環をたどる．この空気塊は，暖かい海面を通るとき，海から水蒸気を受け取る（カルノーサイクルの流れの①）．そして，台風の中心付近で上昇する際には気温が下がるため（②），水蒸気が凝結し，潜熱を放出する．そして，非常に冷たい上空からゆっくりと下降してくる際に，熱を奪われる（③）．

海面で水蒸気を受け取ることは，厳密にはカルノーサイクルでいうところの熱の受け取りではないが，空気塊は暖かい海上で潜熱を発する潜在的な能力を得て，その後，冷たい上空で放出をするというサイクルを形成している．結果として，暖かい地点で熱を得て，冷たい地点で熱を奪われているので，先ほどの原理から考えて，この熱機関は仕事をすることになる．ここでいう仕事とは，大気を高速で動かし，波浪を通じて海の流れを駆動することを指している．これが，台風エンジンというシステムである！

ここで述べた理論は，「水のやりとりが台風発達の本質」と考えた Emanuel (1986) の WISHE 理論そのものである．もちろん，これだけで台風のすべてが説明されるわけではないが，近年では台風の基礎となる考え方として，広く研究者に受け入れられている．

◇◇◆ 5.3 温帯低気圧化メカニズム ◆◇◇

台風はどのようにその一生を終えるのか？ 衰弱期の台風が消滅までに通る道は2つのパターンがある．1つは，台風としての強度（最大風速がおよそ17 m/s 以上）が維持できなくなり，台風から熱帯低気圧にランクが下がり，やがて消滅する．台風の強度が弱まる代表的な要因には，海面水温の低下や風の鉛直シアーの増大があり，例えば，台風が大陸に上陸して海からのエネルギー補給が途絶える場合もある．もう1つのパターンは，台風が温帯低気圧に構造変化するパターンで，主に台風が中緯度帯まで北上したときに起こる．中緯度の大気の特徴は，上空に偏西風が存在していることである．このような環境では，台風は「台風としての構造」を維持できなくなる．例えば，鉛直シアーが大きいために台風の核となる暖気核を吹き飛ばしてしまい，南北の大きな温度差は台風の軸対称的な構造を破壊してしまう．

近年の統計的な研究（Kitabatake, 2011）によると，北西太平洋で発生した台風のうち49％が温帯低気圧化（以下，温低化）しているという．温低化直前の強度解析結果に基づいてさらに分類すると，台風の強度から直接温低化したものが37％，台風が熱帯低気圧にまで衰弱し，そのあとに温低化したものが12％である．

月別に見ると，北西太平洋での台風発生数は8月が多いものの，温低化する台風の個数は9月や10月の秋に多い（図5.10）．温低化の割合で考えると，9

5.3 温帯低気圧化メカニズム　　　　　　　　　101

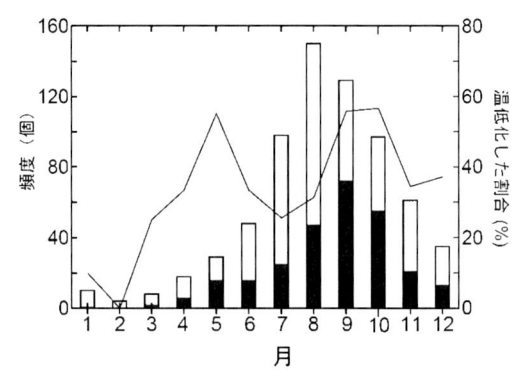

図 5.10 北西太平洋における 1979～2004 年の月別台風発生数（白棒）と温低化数（黒棒），およびその割合（線）
（Kitabatake（2011）をもとに作成）

～10 月だけでなく，5 月も 50% 以上と多くなり，逆に 6～8 月は少なくなる．これには，偏西風帯の位置が深く関係している．春・秋は夏と比べると偏西風帯の位置が南下するため，より低緯度で温低化するのに適した環境が整うのである．

　実は，台風の温低化は割とありふれた現象で，北インド洋を除くすべての海域で起こっている．割合で見ると，北大西洋域が最も温低化が起こる割合が多い（Jones et al., 2003）．また，温低化した低気圧は温低化後も消滅せずに存在し続けることがあり，例えば北西太平洋で台風から温低化した温帯低気圧が太平洋を渡って北米の天気に影響を与えることがある．このような背景から，温低化の研究は北西太平洋域だけでなく，世界各国で行われている．

　ここまで温低化について述べてきたが，現状では世界標準の定量的な指標がない．気象庁は，台風が中緯度（亜熱帯を含む）の傾圧帯（南北の大きな温度差がある場所）に進み，上空の暖気核が消滅し，下層寒気が台風中心まで進入した時点を温帯低気圧化完了と定義している．このように，定性的な定義はあるものの，数値に基づく国際標準の明確な判断基準があるわけではなく，また，客観的な判断を行える観測データが十分にあるわけでもない．

　一方，より定量的に温低化やそのメカニズムを調べる研究も進められている．その 1 つが，「低気圧位相空間図」と呼ばれるものである．熱帯低気圧の構造上の特徴は，暖気核と軸対称構造（前線を伴わない構造）である．一方，温帯低気圧の特徴は寒気核と非軸対称構造（前線を伴う構造）である．この低気圧と

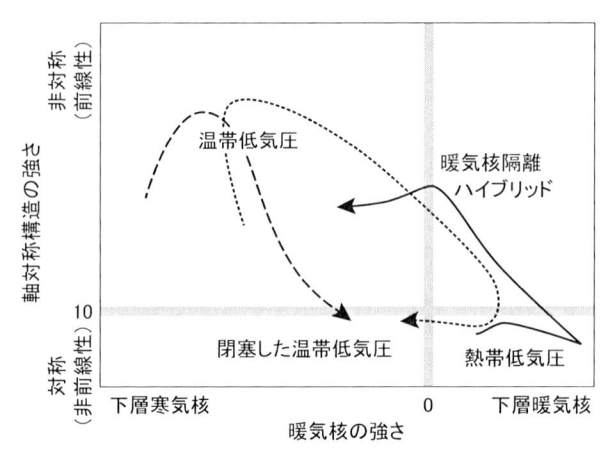

図 5.11 低気圧位相空間図
（北畠（2011）をもとに作成）

しての構造の違いに注目して，横軸に暖気核の強さ，縦軸に軸対称構造の強さをとって，低気圧の状態をプロットしたものが低気圧位相空間図である（図5.11）．低気圧が右下の象限（暖気核＋軸対称構造）にあるときは熱帯低気圧と判断され，低気圧が左上の象限（寒気核＋非軸対称構造）に進むと温帯低気圧と判断される．温低化する熱帯低気圧は，多くの場合は図中の右下の象限から右上象限を経由して左上象限に達する．このような定量的な解析は，予報現場でも利用され始めている．

◇◇◆ 5.4　移動メカニズム：指向流とベータ効果 ◆◇◇

　台風の移動のメカニズムは，しばしば，台風は周囲の風によって移動する「風まかせのヨット」に例えられる．台風は，おおむね対流圏中層の台風近傍で吹く風に流される．この台風を駆動する風を，「指向流」と呼ぶ．北西太平洋の台風に伴う指向流は，貿易風（偏東風），偏西風，太平洋高気圧の縁辺流などである．特に，日本列島まで接近してくる台風は，これらの風に乗って，南の海からはるばる約3000〜5000kmの距離を進んでくる．台風はまさに，「長距離ランナー」でもある．

　図3.10と図3.14は，月別の台風の進路と日本への台風上陸数を示している．日本本州に接近する台風の多くは，7〜9月にやってくる．そして，6月や10月

5.4 移動メカニズム：指向流とベータ効果

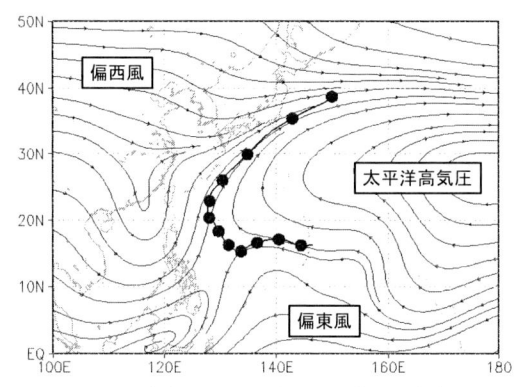

図 5.12 2010年台風14号の経路と，台風が存在した期間の500〜700 hPa 高度で平均した風

の台風は，本州の南側を通るものが多い．これまでの研究（Neumann, 1979；Pike, 1985）によると，台風の進路は，統計的には 300〜850 hPa 高度で平均した風や，500〜700 hPa 高度で平均した風向に対する相関が高いと考えられている（図 5.12）．

しかし，台風が完全に指向流だけで動いているという認識は誤りである．もし，周囲の風が全くない場合でも，「ベータ効果」と呼ばれる作用によって，北半球の台風は北西方向に時速 10 km 程度で動く（山口，2013）．これは，地球の自転に伴って生じる渦度（「惑星渦度」と呼ぶ）と台風自身が持つ渦度（「相対渦度」と呼ぶ）を足した「絶対渦度」が近似的に保存することから説明できる．

図 5.13 上段は，惑星渦度と相対渦度と，その両者の和である絶対渦度を示した模式図である．前章で説明したように，コリオリ力の大きさは緯度によって異なり，赤道でゼロ，高緯度ほど大きくなる．地球の自転に対応する惑星渦度も，緯度が高くなるほど大きくなる．その一方で，地球とともに回転している人が観測する台風の相対渦度は，中心に近いほど大きな値を示す．その結果，絶対渦度は台風の北側（図 5.13 上段では★で示す地点）の方が，南側（☆で示す地点）よりも大きい値を示す．

絶対渦度は流れに乗って保存する量であり，風が吹いた方向に運ばれる．北半球の台風は，低気圧性の回転を持っているので，★印地点にあった相対的に大きな絶対渦度は台風の西〜南側に輸送され，☆印地点にあった相対的に小さな絶対渦度を台風の東〜北側へと輸送する（図 5.13 下段左）．この結果，絶対

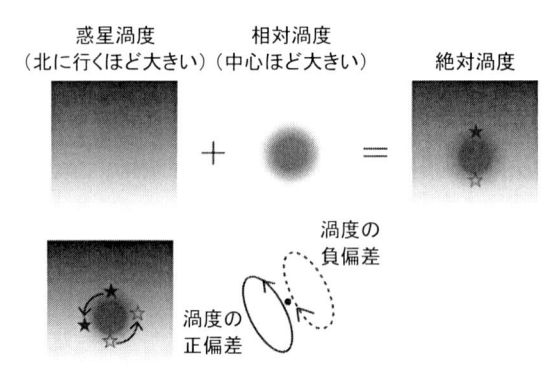

図 5.13 絶対渦度
上段：台風を渦度で見たときの概念図．惑星渦度は北に行くほど大きく，台風自身に伴う相対渦度は中心に近いほど大きい．両方を足し合わせた絶対渦度が右側の図．下段左側：台風の風によって，北側の高い渦度（★）は台風の西〜南側に輸送され，南側の低い渦度（☆）は東〜北側へと輸送された模式図．下段右側：下段左の図で示した渦度の輸送の結果，台風の東から北側では相対的に渦度が小さくなり，西から南側では相対的に渦度が大きくなることを示した模式図．これを風に直してみると，台風の渦自身を北西側へと移動させることに対応する．

渦度の分布として，南西側で絶対渦度が大きく，北東側で絶対渦度が小さい，非軸対称的な分布となる．風と渦度の関係を考えると，この分布は台風を北西に動かすことがわかる（図 5.13 下段右）．これが「ベータ効果」である．ちなみに南半球では，絶対渦度の輸送の向きが時計回りとなるので，南西を目指すことになる．

ほかにも，2つの台風が接近しているときは，一方の台風が他方の台風の移動に影響を与えることがある．この効果は，大正時代に中央気象台長（現在の

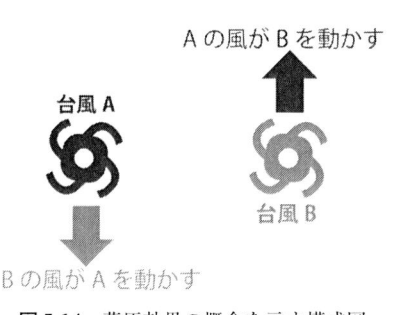

図 5.14 藤原効果の概念を示す模式図

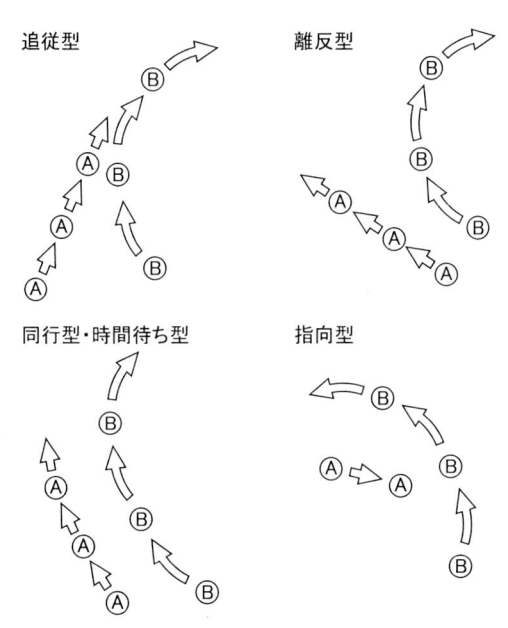

5.4 移動メカニズム：指向流とベータ効果

図 5.15 藤原効果で起こる 4 つの台風の移動のパターン

気象庁長官）を務めた藤原咲平が 1923 年に提案したもので（Fujiwhara, 1923），「藤原効果（英語でも"Fujiwhara effect"）」と呼ばれている．2 つの台風が同じ程度の強さの場合には，図 5.14 に示すように，台風 A の風が台風 B を動かし，台風 B の風が台風 A を動かすため，両者の中心に対してぐるぐる回るような傾向を示す．それに対し，強い台風と弱い低気圧であれば，強い台風はゆっくりとしか動かない．また，理論的には，回転させる成分だけでなく，2 つの渦はゆっくりと近付く傾向にあることも示されている（図 5.15）．藤原効果が働き始める距離に定説はないが，2 つの台風間の距離が 1000 km 以下の場合には，その効果が現れている（石島，2006）．また，現実の台風においては，寄り添うように移動したり，片方の移動に合わせるように速度を落としたりするなど，複雑な移動をすることもある．

6

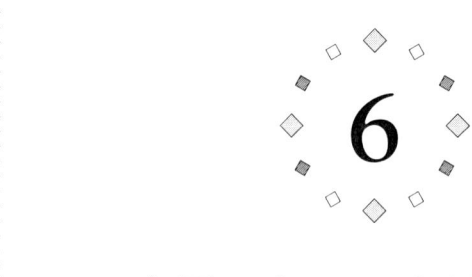

台風にとっても母なる海

　暖かい海は，台風にとって，優しい母親のような存在である．5章で述べたように，暖かい海こそが台風のエネルギーの源なのである．ところが，親が子にどのようにして，そして，どれだけ栄養を与えているのか，子育ての一部始終はまだわかっていない．というのも，台風で暴風荒れ狂う海上の様子を観測するのは非常に困難であり，さらに，大気・波浪・海洋という全く異なる三者が絡み合っているからだ．本章では，近年の研究によって少しずつ明らかになってきた，この親子関係について解説しよう．

◇◇◆ 6.1　台風と海 ◆◇◇

　海面から暖かく湿った空気が大気側に渡され，その空気中に含まれる大量の水蒸気が上空で液体の水となる．5章では，このときに発せられる凝結熱が台風の主なエネルギー源であることについて述べた．暖かい海の上では蒸発が盛んに起こるため，エネルギーを大気に受け渡しやすいのである．ところが，容易に想像がつくように，台風状況下の海面は厚い雲に覆われており，しかも，現場観測を行うのは非常に困難である．そのため，十分な観測データが得られず，台風と海洋の関係を研究するのは容易なことではなかった．

　しかし，いくつかの理論的研究に加えて，数値シミュレーションによる研究の進展，そして，献身的な観測によって，徐々にその様相が明らかになってきた．近年の研究に基づくと，母なる海が子供として台風を育てるというだけの単純な話ではない．海洋は台風の通過に伴って激しくかき混ぜられる．海洋は深いところほど冷たいので，台風の通過に伴って海面水温が低下し，弱体化す

ることがある．そのため，台風の発達度合を考えるうえで，海洋が大気に水蒸気を渡すことと同時に，大気が海洋をかき混ぜる効果を双方向的に考えなくてはならない．

◇◇◆ 6.2 海面での運動量と水蒸気のやりとり ◆◇◇

　海面が暖かいときには，多くの水蒸気が海面を通じて大気側へ渡り，大気下層の湿度は非常に高くなる．そして，凝結熱をエネルギー源とするカルノーサイクルの台風エンジンは，猛烈な風を吹かせる．

　5章で解説したWISHE理論は，台風の強さの上限を与える理論でもある．WISHE理論は，いくつかの近似をもとに組み立てられているが，大まかにいえば，台風が強くなる条件は下記の4つに集約される．

①海面水温が高く，大気上層で温度が低い
②海面での熱交換係数が大きい
③中心付近の海面がより暖かく湿っていて，大気境界層が冷たく乾いている
④海面での摩擦係数が小さい

　これらの条件については，カルノーサイクルの仕組みを思い出すとよい．①の条件は，下層と上層で温度差が大きいほど，熱を仕事に転化させる効率が高くなることを意味している．

　②，③の条件は，海面を通じた大気と海洋の熱のやりとりに関わっている．ここで出てきた「熱交換係数」とは，海面から大気に渡される熱の大きさを決める係数である．②の条件は，海洋側から大気側への熱の供給が多ければ台風が強くなるということであり，③の条件は海側が暖かく湿っていて，海面近くの大気境界層が乾いていれば，熱供給が活発に行われることに対応する．最後の条件は，強風が吹くことで波が立つなどして，風が摩擦によってエネルギーを失うことに対応している．摩擦係数は大気側が持っている運動量が失われる量を決める係数である．摩擦が小さければ（海面が滑らかであれば），台風が失うエネルギーは小さくなる．

　WISHE理論に従うと，海面水温と海面における熱・運動量のやりとりが，台風の強さにとって重要であることがわかる．しかも，台風を弱める阻害要因がなければ，台風の最大風速はこの理論でよく近似できることが知られている．

すなわち，台風の強さを考えるうえで，海面水温，海面での熱・運動量のやりとりは，非常に重要な量なのである．

　もう少し，海面での熱交換について詳しく見てみよう．熱交換は，「顕熱の交換」と「潜熱」の交換に分けられる．顕熱は，海洋側と大気側との温度差に伴って運ばれる熱である．大気よりも海洋が暖かければ，その分大気が暖められる．一方，潜熱は，海面を通じて水蒸気が気化して大気側に渡されることに対応する．この2つの交換のうち，台風を考えた場合に，熱交換量への寄与が大きいのは潜熱の交換である．湿った空気が上空で1g凝結したときに発せられる熱量は1気圧20℃のとき，2460Jである．水1gの温度を1℃上げるのに必要な熱量は4.2Jだから，その熱量がいかに膨大であるかわかる．

　海面から大気側に渡される水蒸気の量は，おおむねそのすぐ上を吹く風の速度に比例する．台風のように，広域で長時間強い風が発生しているということは，水蒸気が強風状況下の海面を通じて，大量に供給されているということなのである．扇風機のスイッチを「強」にすると，汗が素早く気化し，ひんやりと感じられる．同様に，海面付近で非常に強い風が吹くことで，大気に大量の水蒸気が供給されるということが，台風のエネルギーバランスの観点から重要になる．

　次に摩擦係数について説明する．強い風が吹く海面付近においては，高い波が発達している（図6.1）．このため，大気の運動（風）に対して波浪は抵抗として働いている．典型的な海面波浪の移動速度よりは，風の方が高速で運動しているため，速度差を抑える向きに摩擦が働き，大気側で吹いている風は波浪の速度に近付くように弱められる．逆に，海流は加速される．このように大気側は運動量を失い，逆に海洋側は運動量を受け取っている．このとき，大気側が失うエネルギーは風速のおよそ3乗に比例する．

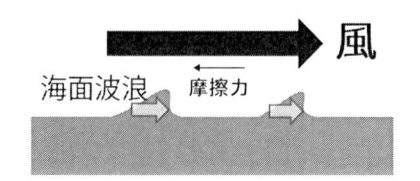

図 6.1　風と海面波浪
風速は典型的な波浪の速度よりも速い．
そのため，両者の速度差を縮めるように
風を遅くする方向に摩擦力がかかる．

波浪以外を通じて，台風状況下で大気と海洋が運動量をやりとりしている可能性もある．例えば，波しぶきがその1つとして考えられている．波しぶきが空中に舞ったとき，水滴は急激に加速される．そして，加速された水滴はそのまま海中に突っ込み，海洋側の運動を加速することになる．この効果は，室内実験の結果をもとにして提案されているものだが，このような運動量のやりとりが，実際の台風で重要なのかどうかについては，いまだによくわかっていない．

◇◇◆ 6.3 台風下での運動量交換と水蒸気交換 ◆◇◇

現実的な台風のエネルギーを計算し，台風の発達具合や強さを計算したいと思うならば，どれだけの摩擦がかかり水蒸気が渡されるかを正確に把握する必要がある．しかし，熱交換や運動量交換は定量的に求められるわけではない．なぜなら，精密な現地観測は至難の業だからである．強い風が吹いているところほど，摩擦による運動量交換や水蒸気交換が激しく，台風のエネルギーバランスにとって重要だと考えられるのだが，その肝心な部分こそ観測が難しい．この点が研究者を悩ませ続けており，これに関する研究も数多く行われてきた．

熱交換係数や摩擦係数はどのようにして推定されているのだろうか？ 実は10年ほど前までは，風速10～20 m/sぐらいの条件で観測されたデータをもとに概算が行われていた．中程度の風速時では，摩擦係数は風速に依存して増え，水蒸気交換係数は風速が増大してもほとんど変わらないことがわかっていた．そこで，台風状況下でも摩擦係数は風速に応じて大きくなり，水蒸気交換係数は風速が増大しても変わらないと仮定されていたのである．

これに待ったをかけたのが，Powellらが2003年に*Nature*に発表した研究成果である（Powell et al., 2003）．彼らは台風中心付近において，航空機からGPS機能の付いた観測器を落として得られた風速データに基づき，大気最下層の風速分布から摩擦係数を推定した．Powellらは，「風速の増加に合わせて摩擦係数も増加する」という，中風速時の観測に基づいた「常識」が台風状況下では成り立たず，「摩擦係数は風速が強くなるに従って増加しない，または，低下する可能性がある」ことを示したのである．

Powellらが用いた観測データは直接観測によるデータではないので，観測値の誤差が大きい可能性がある．そこで，さまざまな角度から，Powellの仮説を

検証しようという動きが出てきた．例えば，実験室内で非常に強い風を吹かせる研究，最先端の波浪の数値シミュレーションを行う研究などである．これらの研究結果を総合的にまとめると，ばらつきは大きいものの，いずれの研究結果も Powell らの報告を支持するものであった．摩擦係数が 10〜20 m/s のときとそれ以上の風速の場合で違う傾向を示す理由はわかっていないが，台風状況下では強風の状況にあるので，海面波浪がつぶれてしまう効果や波しぶきが海面を見かけ上つるつるにしてしまう効果が考えられている．

ここまで台風状況下における摩擦係数の推定について述べてきたが，水蒸気交換係数に関しては大まかな傾向ですら研究者の間で一致していない．中程度の風速時の状況と台風下でそれほど変わらないという予想もある一方で，波しぶきが活発にできれば，波しぶきからの蒸発と熱の伝達も起こるので，より熱交換が激しくなると考える研究者もいる．

これらの議論に一定の決着をつけるべく，台風状況下の海面からすれすれの高度（数百から数十 m）を飛行機で飛ぶという非常に危険なプロジェクトも実行に移されている（図 6.2, 6.3）．この高度での観測は，台風の航空機観測の中でも特に危険度の高いものである．搭乗していた研究者の方にお話を伺ったところ，海から巻き上がったしぶきからくる塩が飛行機のエンジンに付着し，エンジンの1つが止まったこともあるそうである．この観測の結果，風速 30 m/s

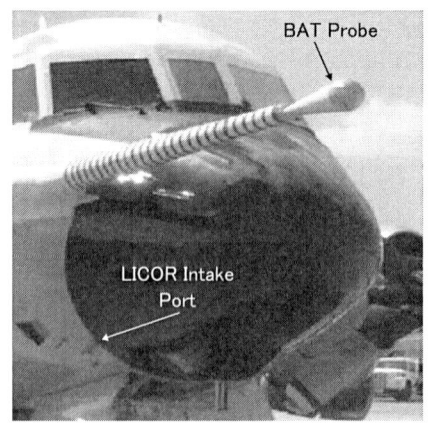

図 **6.2** 航空機の先端に取り付けられた観測機器

(Black et al., 2007)

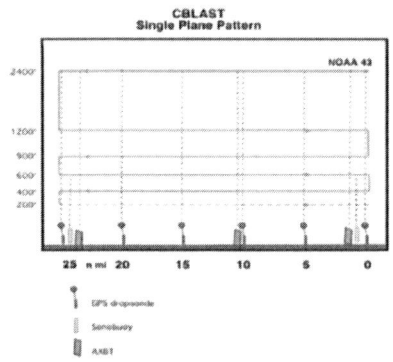

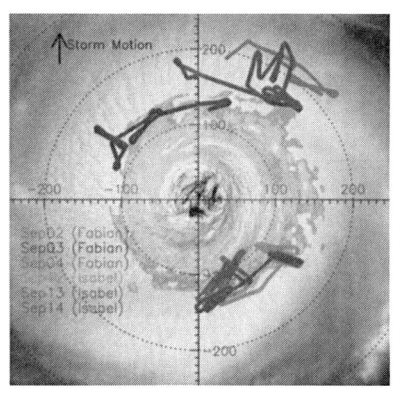

図 6.3 台風状況下の海面付近の状態を調べるための航空機観測のフライトプラン．左図は，NOAA 43 と呼ばれる航空機が高度 2400 フィート（約 730 m）から徐々に高度を下げ，観測機器を投下しながら，高度 200 フィート（約 70 m）を観測することを表している．右図は，航空機が真上から見て飛んだ位置を示している．(Black et al., 2007)

までの非常に貴重なデータが得られている．このデータから，摩擦係数は Powell らの研究成果を支持し，水蒸気交換係数に関しては，中程度の風速時の状況とあまり変わらないとする結果がまとめられた．もちろん，ここで観測された結果がすべての台風についてあてはまるかどうか定かではないが，「わからないから測りに行く」というあくなき探究心に基づいた観測だといえる．

ここまで，摩擦係数と水蒸気交換係数の推定に関する研究を眺めてきた．摩擦係数に関しては，おおむね近年の研究者の推定に一致が見られるとしたが，それでも，それぞれの推定値には 50% 程度の差異がある．このような摩擦係数と水蒸気交換係数の誤差は，強い台風の強度の数値シミュレーションでいうと最大風速の誤差 20 m/s 以上に相当する．台風状況下における運動量と水蒸気の交換量の推定は，台風のエネルギーバランスを考えるうえで非常に重要だが，まだまだ不正確な見積もりしかないのが現状なのである．

コラム 11 ◆ 台風を追う強者達シリーズ：航空機観測で台風に突撃せよ

台風は，現地観測による観測データが極めて乏しい大気現象の 1 つである．観測データの少ない海上で一生の大半を過ごすことが 1 つの要因

であるが，近づくことができないほど激しい大気現象であるという側面もある．気象衛星の登場により状況は一転し，海上や台風周辺域の観測データの量は飛躍的に向上したが，現象が起きている現場で観測する「現地観測」と比べると誤差が大きくなる傾向がある．

このような事情を反映して，米国では航空機を利用したハリケーンの観測を行っている（強度がハリケーンに満たない熱帯低気圧も含む）(Aberson et al., 2010)．航空機観測では，飛行経路と飛行時刻に柔軟性があり，観測場所と観測時刻を自由に決められるという利点がある．また，航空機観測では現地観測が可能なので，より正確な観測データを取得することができる．もちろん，安全が第一に考えられており，気象条件に応じて飛行計画が柔軟に設定，変更される．このようにして得られた観測データは，熱帯低気圧の解析精度および予報精度（特に進路予報）の向上に役立っている．近年では，プロジェクトとして台湾や日本も航空機観測を特別に行っている．

◆◇◆ 6.4　海の中の混合 ◆◇◆

大気と海洋の関係は，海洋側が大気側に影響するという一方的なものだけではない．大気側も海洋側に大きな影響を与える．例えば，図6.4は1998年台風第4号が通過した際の海面水温の変化を示している．衛星から得られる海面水温のデータを見ると，台風の経路に沿って海面水温が下がっているのがわかる．これは，強い風に吹かれて海面付近に速い流れが生じた結果として，海洋内部が激しくかき混ぜられたためである．

台風が通過したときに海面水温が低下するのは，海洋内部の鉛直温度構造に深い関係がある．海洋学の世界では，地球規模の風によって駆動される水深1000m程度より浅い領域を「海洋上層」，そして，数千年のスケールで全球をひとめぐりする水深1000mより深い領域を「海洋深層」と呼んでいる．台風との関係が特に深いのは，海洋上層の中でも特に水深0〜200m程度までの海洋表層と呼ばれる部分およびその下の部分である．ちなみに，市販されている「海洋深層水」はたいていが1000mより浅いところで採水されているので，海洋学上の「深層水」ではない．

6.4 海の中の混合

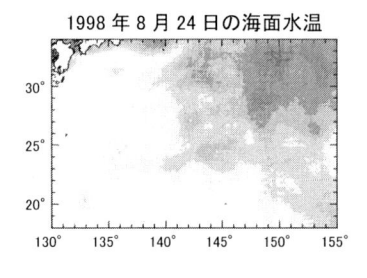

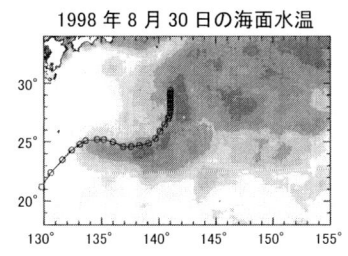

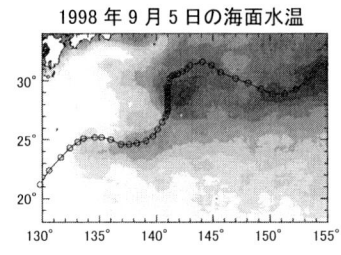

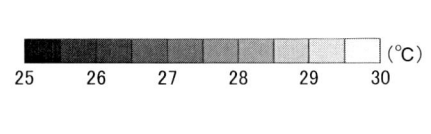

図 6.4 1998 年台風第 4 号が日本の南海上を通過した際の海面水温の変化
白抜きの丸と線は，台風の経路を表している．(K7 のデータセット (Kawai et al., 2006) および気象庁ベストトラックより作成)

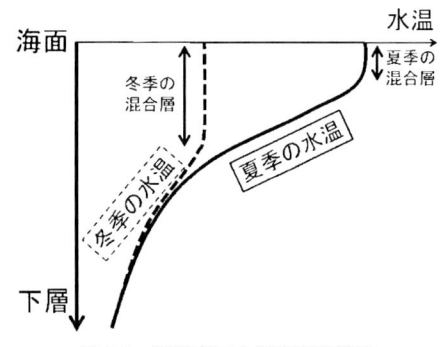

図 6.5 海洋表層の鉛直温度構造
夏季には混合層は薄く，冬季には厚い．

海洋表層とその下の構造を図 6.5 に示している．海面から一定の深さまでは，水温が変わらない混合層と呼ばれる層がある．この層では水が非常によく混ざっているため，海面水温の深さ方向の変化が非常に小さい (0.5°C 以下にとどまる) のである．季節や場所によって混合層の深さは異なるが，日本近海の冬季であれば数十〜200 m，夏季であれば 10〜20 m 程度の厚さとなっている．そして，混合層よりも下では，水深が深くなるにつれ温度が下がっていく．混合層

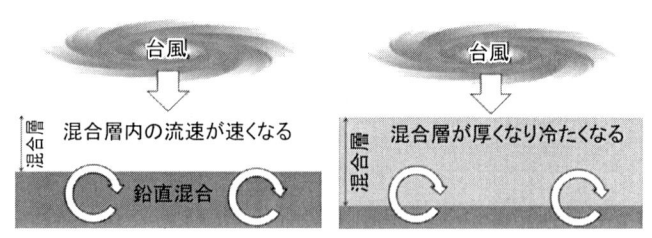

図 6.6 鉛直混合の模式図
海洋混合層の底で鉛直混合が起こり，海洋混合層の水温が低下する．

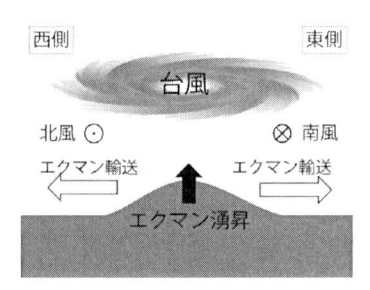

図 6.7 エクマン湧昇の模式図
海洋表層の水塊は，エクマン輸送によって台風の中心から離れるように輸送されるため，中心付近では深いところにある冷たい水が持ち上げられる．

より下で，温度が急激に変化する部分を「温度躍層」と呼んでいる．

それでは，台風が通過したときに，どのようにして海面水温は低下するのだろうか？ これには，「鉛直混合」と「エクマン湧昇」と呼ばれる2つのプロセスが同時進行的に関わっている．大ざっぱにいうと，鉛直混合とは混合層内の流れが非常に速くなるため，海洋混合層が深いところまで混ざる効果である．深いところにある冷たい水を徐々に取り込んでいって深くなり，混合層全体が冷たくなる（図6.6）．それに対し，エクマン湧昇とは，海水がコリオリ力の作用により地上風の右側に輸送（エクマン輸送）される効果によるものである．台風の中心付近では，風が回転成分を持つので，浅いところの水は中心から外側に向かって排水され，台風直下で冷たい水が持ち上げられる（図6.7）．

エクマン湧昇が起きるには時間がかかるので，台風の移動速度が速い場合には，鉛直混合が卓越する．逆に台風が非常にゆっくり移動する場合には，エクマン湧昇が大きく作用することもある．どれだけ海面水温が低下するかは，台

風の強さや移動速度,鉛直水温分布などにも依存するので一概にはいえないが,台風の移動速度が速く台風が弱い場合には海面水温の低下幅は小さい.一般的な台風では1〜2℃程度低下し,強い台風がゆっくりと進んだ場合には4〜6℃低下する.極端な例として,沿岸域で局地的に10℃以上の水温低下が起こった例も報告されている.

コラム12 ◆ 台風が通ると生物生産が増える?

衛星からとらえられるクロロフィルを見てみると,台風の進路上で濃度が濃くなっている様子が観察できる.クロロフィル濃度が植物プランクトンの存在量によく対応していると考えると,台風がゆっくり移動したところで,植物プランクトンが多くなっていることになる.これはなぜであろうか?

植物プランクトンは生活するために光を必要としている.海域によっても異なるが,植物が生活できるだけの太陽光が得られるのはおよそ水深100 m あたりである.その一方で,熱帯域において生物が生活するのに必要な栄養塩は,水深100〜150 m に存在しており,それより浅いところに住む植物プランクトンは,普段,栄養塩不足に悩まされているのである.

しかし,6.4節でも述べたとおり,台風がゆっくりと通過する場合,深いところにある水がエクマン湧昇によって表層まで湧き上がってくる.深いところにある水は栄養塩を大量に含んでいるため,生物活動が盛んになったと考えられる.台風に伴うこのような影響は,亜熱帯海域の生物新生産の4%前後に達すると推定されている.

◆◇◆ 6.5 台風強度への影響 ◆◇◆

台風が海面水温の低下を引き起こすと,海面を通じて大気側に供給される水蒸気量が少なくなるため,台風自身の強さを弱めることにつながる.台風に伴う大気側の強風が海洋内部を混合させて海面水温を下げ,それが台風自身を弱

めるのである.

　近年の研究によると，海面水温が変わらないと仮定した数値シミュレーションと比べて，鉛直混合やエクマン湧昇による海面水温を考慮したシステムでは台風の強度が30 hPa以上弱くなることもあるとの結果が得られている．すなわち，ゆっくり進む台風の場合は，自分自身が受け取る水蒸気の量を減らしてしまうのである．

　逆に，一般的な台風がスーパータイフーンに急激に発達する場合には，①海洋が内部まで暖かい場合，②台風の移動速度が速く海面水温低下の影響を受けにくい場合，のいずれかであることがわかってきた．例えば，895 hPaにまで発達しフィリピンに大きな高潮災害をもたらした2013年台風30号のケースは前者である．台風が急激に発達する直前の水温観測の結果を，図6.8に示して

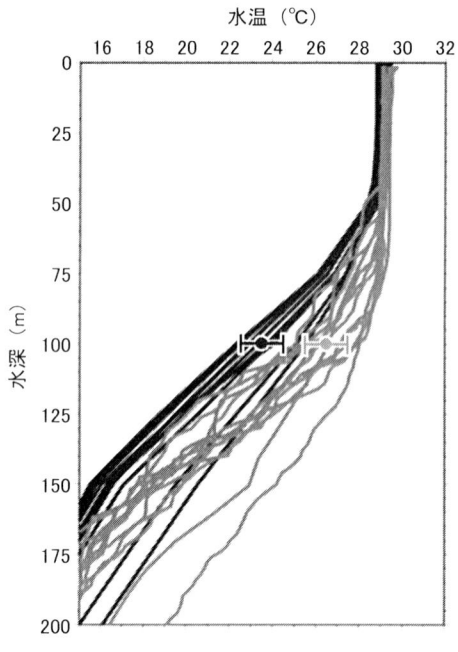

図 6.8 台風30号の経路上における水温分布
黒線は過去の同時期における平均的な水温分布で，灰色は台風30号が通過する直前の水温データ．水深100 mにおける水温は過去の平均値が23.5℃であったのに対して，台風30号が通過する直前には26.5℃となっていた．
(L.-I. Lin 氏提供)

いる．この図を見ると，海面水温は平均的な状態とほぼ同じだが，水深50mより深いところでは水温が普段より高く，水深100mにおいて通常の状態より3℃高くなっている．通常の海洋の状態であれば，海洋内部がかき混ぜられて海面水温が低下し，台風の発達が抑えられていたはずだが，今回の事例では，そのような効果があまり効かなかったことになる．ほかにも，2005年に米国を襲ったハリケーン・カトリーナやリタなどの経路の直下でも，海洋内部まで海水が暖かかったことがわかっている．近年，北西太平洋の台風の発生・発達域では，水深200mまでの水温が年々上昇していることも報告されており，台風を考えるうえで海洋内部の水温分布は引き続き注目すべきトピックである．

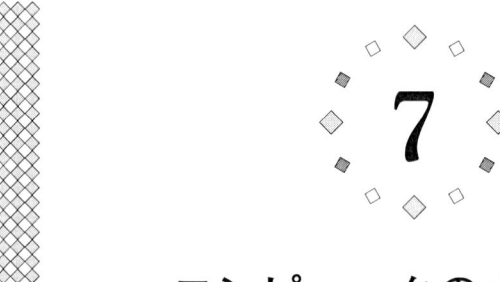

7 コンピュータの中の台風

　台風が発生すると，その台風の予想進路や予想強度がテレビやインターネットのニュースなどを通じて報道される．さらに台風が日本に接近すると，より詳細かつ高頻度に台風の予測情報が発表されるようになる．このような予測情報の背景にあるのは，数値予報と呼ばれる技術で，台風予報を含む今日の天気予報を支える基盤技術である．コンピュータの中に仮想の地球を作り，そこで台風がどの方向へ進み，今後どの程度発達するのかを物理法則に従って計算・予測する．本章では，近年の天気予報を支えているこの数値予報について，その仕組みと実際に用いられているシステムについて解説する．

◇◇◆ 7.1　台風予報を支える数値予報 ◆◇◇

　台風予報は，数値予報と呼ばれる予報技術に支えられている．数値予報とは，ひとことでいうと，「大気の流れを記述する偏微分方程式系を数値的に解くことにより，将来の大気の状態を推定する」ことである．
　中学・高校で習う方程式は，紙と鉛筆さえあれば厳密に答えを得ることができる．このような場合，「方程式は解析的に解ける」といい，得られる解は「解析解」と呼ばれる．一方，天気や台風を予報するための方程式系は非常に複雑で，解析的に答えを得ることができない．そこで，スーパーコンピュータを用いて「近似的に方程式系を解いている」．まず，スーパーコンピュータ上で動く「数値予報モデル」と呼ばれるプログラムに，現在の大気の状態を入力データとして与える．すると，ほんの少し先の未来の大気の状態が出力データとして得られる．この少し先の大気の状態がわかると，その状態を数値予報モデルの新

$$\frac{\Delta x}{\Delta t} = f$$

図7.1 数値予報の基本方程式

xは気温などの気象要素，tは時間を表している．Δはほんの少しの変化量を表している．左辺$\Delta x/\Delta t$は，ほんの少しの時間Δtにどれだけxが変化するかというxの変化率を表している．

しい入力データとして与えることにより，さらにその先の大気の状態がわかる．この過程を繰り返すことにより，1時間後，1日後，1週間後の大気の状態を推定することができるのである．このようにして得られる解は，解析解に対して「数値解」と呼ばれる．これが，「数値」予報と呼ばれる所以である．

数式で見た方がより直観的に数値予報を理解できるかもしれない．図7.1はある地点のある物理量x（例えば東京大手町の気温）がほんの少しの時間（Δt）後にΔxだけ変化する変化率が数式fで表されている．このfの値を計算することが「偏微分方程式系を数値的に解く」ことであり，数式fを計算機が理解できる言葉で書き下す（プログラム化する）ことが数値予報モデルを作るということに相当する．数式fは，簡単な例としては，風は気圧傾度力やコリオリ力を受けながら吹くとか，横浜市から暖かい空気が風に運ばれて大手町の気温が1時間（Δt）で1℃（Δx）上昇する，といったわれわれの知っている物理法則を

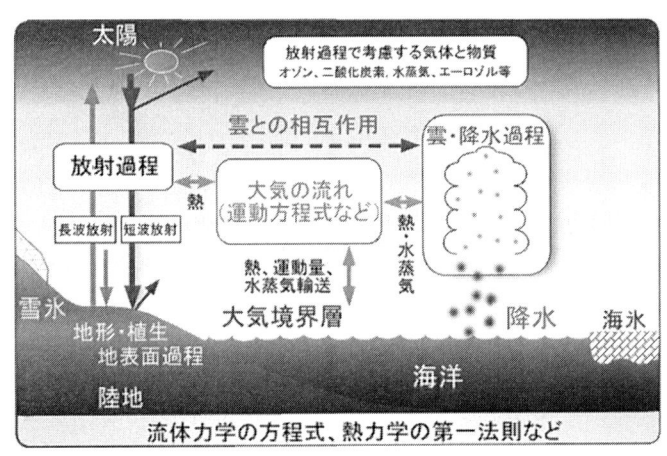

図7.2 数値予報モデルが扱う物理現象の概念図
（気象庁ウェブサイトをもとに作成）

定式化したものである（図 7.2）．

　数値予報モデルの入力データとなる初期場に台風が存在すると，物理法則に従って数値予報モデルが表現する仮想地球上で台風が移動したり，発達・衰弱したりする．初期値に台風が存在しなくても，凝結などの台風にとって重要なプロセスが考慮されていれば，時間発展の過程で数値予報モデル上に台風が発生することもある（現実には存在しない台風が生成されることもあるが…）．このように，数値予報モデルで表現される台風の時間発展を予報官が解析することにより，台風予報が作成される．

◇◇◆ 7.2　さまざまな数値予報システム：水平解像度と計算領域　◆◇◇

　気象庁は，表 7.1 に示すように，さまざまな数値予報システムを運用しており，その出力データが台風予報の基礎資料となる．複数のシステムを運用している理由は，限りあるスーパーコンピュータの資源の中で，さまざまな大気現象を予報対象としているためである．例えば，全地球の大気を予測対象とする「全球モデル」は，台風の進路は精度よく予測できるが，台風に伴う局地的な大雨を定量的に予測することは水平解像度の観点から難しい．そこで，計算領域を絞って，全球モデルよりも水平解像度を 5 km や 2 km と高くしたモデル「領域モデル」を用いて大雨などの極端現象を予測している（図 7.3）．

　ここで「空間解像度」について，詳しく解説しておく．前節の数値予報の話に戻るが，数値予報を実現するためには，大気の「離散化」という作業が必要

表 7.1　台風予報などに用いられる気象庁数値予報システム（2014 年 6 月現在）

	全球	週間アンサンブル	台風アンサンブル	メソ	局地
予報対象領域	地球全体	地球全体	地球全体	日本全域を含む日本周辺域	日本全域
水平解像度	約 20 km	約 40 km	約 40 km	5 km	2 km
鉛直層数	100 層	60 層	60 層	50 層	60 層
予報時間	84 時間（03, 09, 15 時），264 時間（21 時）	264 時間	132 時間	39 時間	9 時間
予報初期時刻（日本時間）	03, 09, 15, 21 時	21 時	03, 09, 15, 21 時	00, 03, 06, 09, 12, 15, 18, 21 時	毎時
アンサンブルメンバー数*	—	27	25	—	—

*7.4 節参照

7.2 さまざまな数値予報システム：水平解像度と計算領域　　　121

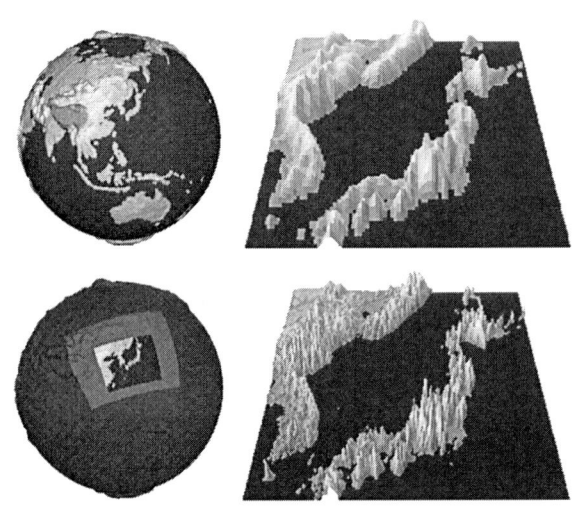

図 7.3 全球モデルの地形（上）と領域モデルの地形（下）
全球モデルの水平解像度は 20 km，領域モデルの水平解像度は 5 km．水平解像度の高い領域モデルではより細かいスケールの大気現象を予測することができる．（気象庁ウェブサイトより）

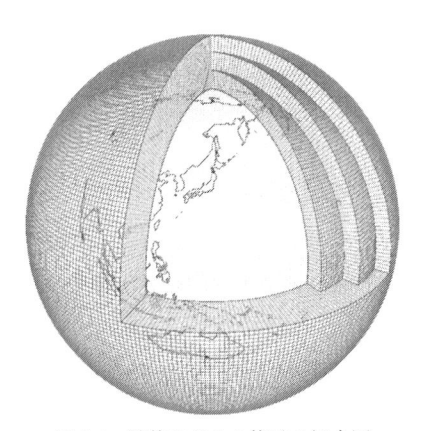

図 7.4 数値モデルの格子の概念図
東西，南北，高さ方向に格子が区切られており，それぞれの格子で，東西風，南北風，気温，湿度などの物理量が計算される．（気象庁ウェブサイトをもとに作成）

となる．離散化とは，大気を水平方向（緯度，経度方向），鉛直方向に分割することであり，数値予報では分割したボックス（「格子」と呼ばれる）ごとに計算が行われる（図 7.4）．分割によって得られるボックスの水平方向の長さを「水平解像度（一般的な数値予報モデルでは，緯度方向，経度方向ともに同じ長さ

である)」，高さ方向の長さを「鉛直解像度」と呼ぶ．

　数値予報モデルの空間解像度は，スーパーコンピュータの性能に大きく依存する．例えば，気象庁の全球モデルでは水平方向に約20km間隔で格子が区切られている（図7.4）．鉛直方向には地表面から上空0.01hPa（上空約80km）までの100の層に区切られている．格子点の数としては，およそ1億3000万点にも及ぶ．この各格子で，東西風，南北風，気温，湿度の物理量が定義されているため，計算すべき変数の数は5億を超えている．

　一般に，数値予報モデルの空間解像度を上げると，より細かい大気現象を表現できるといわれている．一方，数値予報モデルの空間解像度を上げるためには，より高性能のスーパーコンピュータが必要となる．例えば，空間解像度を倍に上げると，東西，南北，高さ方向に格子数が倍に増えるので，総格子数が8倍になる．また，数値計算における安定性の問題から，計算を繰り返す時間間隔（図7.1の式のΔt）を半分にする必要があり，時間発展の計算回数が2倍に増える．結果として，16倍の性能を持つスーパーコンピュータが必要となる．

コラム13 ● 台風を追う強者達シリーズ：スーパーモデルとスーパーコンピュータの世界

　台風は，さまざまなスケールが複雑にからみ合って起きている．もし数値シミュレーションを使って台風をより完全に再現しようと考えたら，できるだけ高い解像度で，広い計算領域をとらなければならない．究極をいえば「全球雲解像シミュレーション」であるが，それは現代の進化した数値計算科学をもっても容易ではない．

　このシミュレーションの世界の限界を突破したのは，日本の技術であった．2002年，科学技術庁（現文部科学省）は，スーパーコンピュータ「地球シミュレータ」を開発した．さらに，東京大学や海洋研究開発機構が共同で，この高速計算機の能力を十分に発揮できる高精度の数値モデル「ニッカム」（Nonhydrostatic ICosahedral Atmospheric Model：NICAM）を開発した．ニッカムは，これまでの数値モデルとは枠組みを変えた，画期的な計算手法を用いている．2007年，地球シミュレータとニッカムの共演により，世界で初めて，全球を雲システムが解像できる

水平解像度 7 km の設定で現実的な台風発生の再現に成功した（Miura et al., 2007；Fudeyasu et al., 2008, 2010a, b）．その後，スーパーコンピュータ「京」が登場し（京の能力は地球シミュレータのおよそ 300 倍を超えるといわれている），理化学研究所とそれに携わる研究グループは，2013 年，京とニッカムにより全球を水平解像度 1 km 未満という，かつてないシミュレーションの世界に到達した（図 7.5）．この数値シミュレーションの結果では，台風という大きなスケールの渦を再現しながら，積乱雲 1 つ 1 つの振舞いまで表現している．世界からも注目され続けている日本の科学技術力と台風研究グループにより，台風の全容が明らかになる日は近付いている．

図 7.5 ニッカムと京を用いて再現した 2012 年台風 15 号
2012 年 8 月 25 日 16 時の結果．水平解像度 870 m．
（吉田龍二氏提供）

◇◇◆ 7.3 初期値の作り方 ◆◇◇

よい予報を行うためには，数値計算を開始する初期時刻の状態をできるだけ正確に推定しておく必要がある．世界中で行われるさまざまな観測データに基づき，数値予報モデルの入力データとなる初期値を作成することを「データ同化」，または「客観解析」と呼ぶ．変分法，アンサンブルカルマンフィルタなど，さまざまなデータ同化手法が存在しており，スーパーコンピュータの性能の向上に伴ってその内容は高度化・複雑化している（露木, 2008；三好, 2008）．数値予報と聞くと，数値予報モデルが脚光を浴びることが多いが，初期値を作

成する技術を確立することは数値予報モデルを開発することと同程度に大変で，重要な作業である．

　初期値は，観測データと数値予報の結果をブレンドすることによって作成される．観測データは数値予報モデルの全格子点で得られるわけではないので，数値予報の結果（予報誤差はあるものの，全格子点の情報を持っている）をベースとして，それを観測データで修正することによって初期値が作成される．両者のブレンドの度合いは，観測データが持つ観測誤差の大きさと，数値予報の予報誤差の大きさに応じて決められる．

　初期値の作成において，台風特有の問題がある．それは観測データの量である．台風はその一生の大半を海上で過ごすし，台風付近では船舶による観測が難しいことから，観測データが限られる．初期値作成の際のベースとなる数値予報の結果が正確に台風を表現していれば問題はないが，実際には強度が弱かったり，位置が観測とずれていたりする．そこで，気象庁では衛星観測などから解析された台風の中心位置や強風半径などの情報をもとに，人工的に作成された「台風ボーガス」と呼ばれる疑似データを，初期値の作成に使用する工夫を施している．

　正確な台風予報のためには，高精度の数値予報モデルと正確な初期値が必要である．そして，正確な初期値を作成するためには，高品質の観測データと高精度の数値予報モデルが必要である．したがって，予報精度の向上には，観測・データ同化技術・数値予報モデルが一体となって技術革新していくことが重要となる．

コラム 14 ◆ 台風を追う強者達シリーズ：米国発，ハリケーンを追え（ハリケーンハンター）

　米国にはハリケーンの航空機観測を行っている組織が存在する．1つはミシシッピ州ビロクシーに拠点を持つ米空軍の第53気象観測部隊，もう1つはフロリダ州タンパを拠点とする米国海洋大気庁（NOAA）の航空機観測部隊である．航空機にはパイロットのほか，航空士，気象担当者，観測担当者らが搭乗する．彼らは「ハリケーンハンター」と呼ばれており，ハリケーン航空機観測のための特別な訓練を受けている．

7.3 初期値の作り方

米国の気象庁に対応する政府機関として，NOAA の下に米国気象局 (National Weather Service：NWS) と呼ばれる組織がある．この中に米国ハリケーンセンター (National Hurricane Center：NHC) と呼ばれる，ハリケーンの解析と予報を専門的に行う組織がフロリダ州マイアミにある．米空軍は，現業のハリケーン解析・予報を改善することを目的として，NHC の要請に応じてミッションを行う．使用される航空機は主に WJ-C130 と呼ばれるプロペラ機で，18 時間程度連続して飛行できる能力を持っている（図 7.6）．

航空機観測で得られたデータはリアルタイムで NHC の予報官に送信され，予報官はその観測データを見ながら台風の解析を行う．また，観測データは数値予報の初期値にも反映されるため，予報精度の向上にも貢献する．

NOAA によるミッションは主に研究目的で，研究の観点から必要があると判断された場合に観測を行う．例えば，台風の急発達や発生のメカニズム，台風と海洋との相互作用はいまだ不明な点が多く，このような謎を解明するためのミッションが多く行われている．NHC の要請によってミッションを行うこともあり，P3 と呼ばれる高機能の観測測器を搭載した航空機や，G-IV（図 7.6）と呼ばれる高高度を飛行できる航空機で観測を行い，NHC の現業作業を支援することもある．特にハリケーンが米国に影響を及ぼすことが予想されるときは，より高精度の解析情報と予報結果が得られるように，複数の航空機を利用して観測を行っている．

図 7.6 ハリケーン航空機観測で用いられている WJ-C130（左），G-IV（右）G-IV の機体側面には，これまでに飛行した国とハリケーンの名前を書いたシールが貼られている．（NOAA 提供）

◇◆◇ 7.4 アンサンブル予報 ◆◇◆

　数値予報の誤差の原因は大きく分けて2つある．1つは数値予報モデルが完全ではないこと，もう1つは初期値に誤差が含まれていることである．

　誤差のない初期値を入力データとして与えれば，完璧な予報結果を出力してくれる夢のような数値予報モデルを「パーフェクトモデル」と呼ぶ．残念ながら，世界のどの数値予報モデルもパーフェクトモデルではなく，物理法則の定式化の際の仮定や簡略化による不完全性，数値予報モデルの離散化に伴う不完全性が存在する．また，定式化できていない，未知なる物理法則があるかもしれない．このような数値予報モデルの不完全性は，予報誤差の原因となる．

　初期値の誤差も数値予報では避けることができない．観測データの量が十分ではないだけでなく，観測された値にも誤差が存在する．さらに，データ同化技術にも不確定な要素があるので，初期値にはどうしても誤差が含まれてしまう．この初期誤差は，数値予報モデルの時間発展の過程で増幅して，大きな予報誤差を引き起こすことがある（山根，2002）．

　このように，数値予報システムにはさまざまな不完全性が存在し，結果として予報が外れる．観測，データ同化，数値予報モデル，それぞれの分野でより完全なシステムへと近付けるための技術開発が行われているが，一方で，この不完全性を逆手にとった数値予報システムが存在する．それは，初期値が持つ誤差程度の違いを加えた複数の初期値を用意し，それぞれの初期値から数値予報を行い，予報値の集合（アンサンブル）を得る予報システムである．このような数値予報を「アンサンブル予報」と呼ぶ．

　気象庁では，表7.1に示したとおり，週間アンサンブル予報システムと台風アンサンブル予報システムを運用している．ここでは，初期値に人工的な誤差を加える（東西風，南北風，気温，水蒸気，地上気圧の初期値に微小な誤差を加える）ことで，初期値の不完全性を考慮する（山口，2008）．また，図7.1で示した方程式の右辺にランダムな誤差を加えることで数値予報モデルの不完全性を考慮している（米原，2010）．表7.1のアンサンブルメンバー数とは，何通りの予報を行うかということを表しており，例えば台風アンサンブル予報の場合，25通りの初期値を用意して，それぞれの初期値から数値予報を行う．

　アンサンブル予報では，複数の数値予報の集合（アンサンブル）を統計的に

処理することにより，単独の数値予報よりも確からしい予報を得ることができると考えられている．また，集合から導き出される度数分布を確率分布と見なすことで，単独の数値予報では得られない予報誤差を予測する手法でもある（経田，2006）．例えば後者の場合，複数の数値予報の結果がそれぞれ同じような予報結果を出力していれば，その予報の信頼性は高いと診断できる．逆に予報結果がばらばらのときは，予報の信頼性は低いと判断され，単独の数値予報の結果は外れる可能性があるという心構えができる．

◇◇◆ 7.5 台風をターゲットにしたアンサンブル予報 ◆◇◇

台風の進路予報を対象としたアンサンブル予報の例を図7.7に示す．図7.7上段は2009年台風20号の事例で，下段は日本各地で甚大な災害をもたらした2013年台風18号の事例である．また左図は，初期値や数値予報モデルの不確実性を考慮していない気象庁の全球モデルによる予報結果（「決定論的予報」と呼ばれる）で，右図はアンサンブル予報による予報結果である（海外の数値予

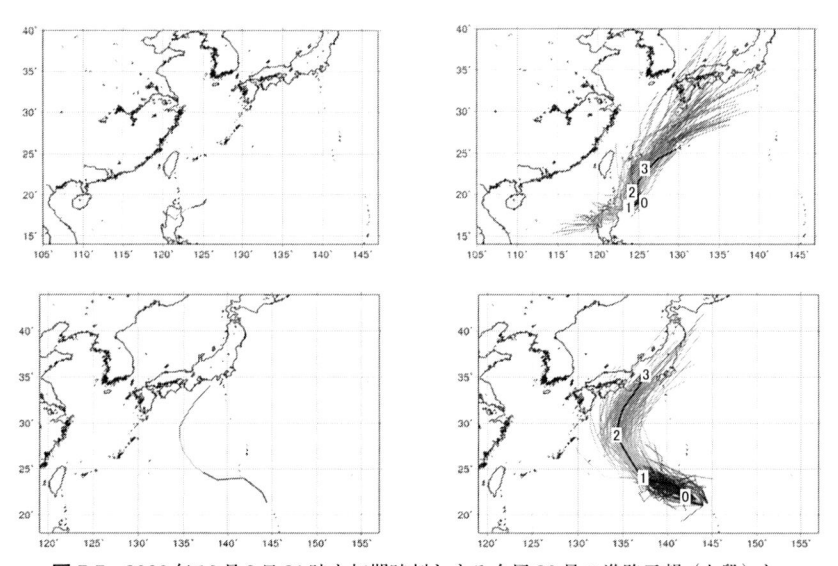

図 7.7 2009年10月2日21時を初期時刻とする台風20号の進路予報（上段）と，2013年9月13日9時を初期時刻とする台風18号の進路予報（下段）
左図は決定論的予報，右図はアンサンブル予報．右図中の黒太線は実際の台風の経路で，経路中の数値は初期時刻からの日数を意味している．

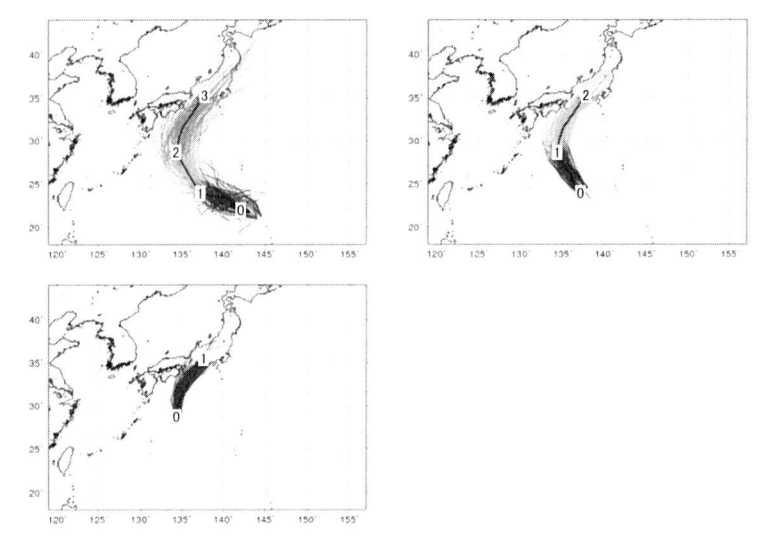

図 7.8 2013年9月13日9時（左上），14日9時（右上），15日9時（左下）を初期時刻とする台風18号のアンサンブル進路予報
黒線は実際の台風の経路で，経路中の数値は初期時刻からの日数を意味している．

報センターのアンサンブル予報結果を含む）．

　決定論的予報によると，2009年台風20号はフィリピンへ，2013年台風18号の事例では台風は東海付近に上陸する予報となっている．しかし，いくらこの図を眺めても，この予報がどれだけ確からしい予報であるかを知ることはできない．そこでアンサンブル予報を見ると，2009年台風20号の事例ではフィリピンに上陸せず，急激に進路を変えて日本へ向かう可能性があることを示しており，決定論的予報は大きな不確実性を含んでいることがわかる．一方，2013年台風18号の事例では，高い確率で四国から関東の太平洋側のどこかには台風が上陸することがわかる．ちなみに，2009年台風20号は実際に急激に進路を変えて日本へ向かい，2013年台風18号は同年9月16日午前8時ごろに愛知県豊橋市付近に上陸した．図7.8は，2013年台風18号の事例で，台風上陸のおよそ3日前，2日前，1日前を初期時刻とするアンサンブル予報を示している．予報が新しくなるにつれて，上陸する可能性のある領域が徐々に絞られてくる様子がわかる．

　気象庁では，予報円という形で予報の信頼度に関する情報を提供している（図2.3）．予報円の大きさは台風がその円内に存在する確率が70%になるよう

に決められる．2014年現在，3日予報までは過去の進路予報の精度などから決められるが，2009年から開始された4日，5日予報では，気象庁台風アンサンブル予報から得られる予報結果のばらつき具合（「スプレッド」と呼ばれる）から予報円の大きさが決められている（Kishimoto, 2009）．つまり，台風アンサンブル予報がスプレッドを大きく予報したときは予報円は大きくなり，逆にスプレッドを小さく予報したときは予報円は小さくなる．

8

台風予報の現場から

　台風の予報はどこで，どのようにして作られるのか？　また，台風の中心気圧や最大風速はどのように決められているのか？　本章では，台風を24時間365日監視し，適時台風の解析・予測情報の発表を行っている気象庁にスポットをあてる．台風の強さの具体的な解析手法，進路や強度予報の作り方，温帯低気圧化の解析，さらに予報精度を向上させるための取組みなど，台風予報現場の様子についてまとめる．

◇◇◆ 8.1　台風予報の現場 ◆◇◇

　気象庁では，台風に伴う災害を防止・軽減するために，北西太平洋域に存在する熱帯低気圧の監視を行い，台風の発生から消滅まで，台風の解析と予報に関する業務を行っている（以下，「台風予報作業」と呼ぶ）．台風予報作業は気象庁本庁の予報課で行われており，国内，さらに海外に向けて台風情報が発信されている．図8.1は気象庁本庁の3階にある予報課現業室で，実際の台風予報作業を行っている様子である．

　図8.2は台風予報作業の流れを表していて，図中の0分は正時に対応する．通常は3時間ごとに作業を行うが，台風が日本列島に接近，上陸する場合などは1時間ごとの作業となる．台風の解析作業（後述）は，さまざまな観測資料を利用して解析対象時刻から約30分以内で行われる．その後，予報作業（後述）は，解析結果と数値予報資料を用いて約10分で完了される．図8.2が示す通り，台風の解析結果と3日先までの予報は解析開始からわずか50分ほどで発信される．その後，4, 5日先の進路予報が解析開始から90分以内に発表される．

8.1 台風予報の現場

図 8.1 気象庁本庁（東京都大手町）の 3 階にある予報課現業室の様子
ここで，台風の解析と予報作業が行われる．右は衛星画像を見ながら台風の解析作業を行っている様子．

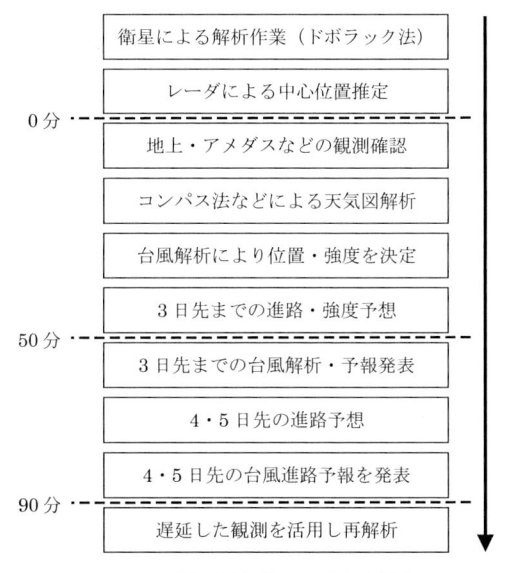

```
              衛星による解析作業（ドボラック法）
              レーダによる中心位置推定
0分  ------------------------------
              地上・アメダスなどの観測確認
              コンパス法などによる天気図解析
              台風解析により位置・強度を決定
              3日先までの進路・強度予想
50分 ------------------------------
              3日先までの台風解析・予報発表
              4・5日先の進路予想
              4・5日先の台風進路予報を発表
90分 ------------------------------
              遅延した観測を活用し再解析
```

図 8.2 台風予報作業の大まかな流れ
左の時間は対象とする解析時刻からの経過時間を示す．
（黒良龍太氏提供）

これらの作業には，膨大な資料を迅速かつ正確に処理をするための知識・経験・技術が必要であり，熟練の予報官が作業にあたっている（図 8.3）．

台風は同時に複数存在することもあり，1960 年の台風 14 号，15 号，16 号，17 号，18 号のように，同時に 5 つの台風が存在したこともある．複数台風が存在するときは，上記の作業を並行して行う必要があり，作業量が増える．ま

図 8.3　予報課現業室
左上：予報課現業室に吊るされている看板で，ここが全国の予報中枢であることを示している．右上：「班長」と呼ばれる，当日の予報を取り仕切る熟練の予報官．写真は，台風進路の予報を組み立てている様子．左下：班長に最新の気象情報を報告する担当官．右下：台風臨時編成を知らせる看板．台風臨時編成中は，現業室は一段と慌ただしくなる．

た著しい災害が予想されるときは，災害の防止・軽減のためにより高頻度で作業を行う．このような事情を反映して，複数の台風が同時に存在するときや，甚大な災害が予想されるときは，「台風臨時編成」と呼ばれる特別な体制を組んで，通常より担当予報官の数を増やして作業にあたっている（図 8.3 右下）．

コラム 15 ◆ 台風を追う強者達シリーズ：台湾発，台風を追え（DOTSTAR）

　北大西洋同様，台風の発生する北西太平洋でも 1950 年代はじめにはグアムを拠点として米軍による定期的な航空機観測が行われていた．台風の中に突っ込んで台風の中心気圧などを観測する「貫通飛行」も北大西洋と同様に行われていた．しかし，米軍による航空機観測は予算などの都合により 1987 年の 8 月に廃止となってしまった．

　北西太平洋で定期的な台風航空機観測が再開されたのは，2003 年である．北大西洋におけるドロップゾンデ観測の成功を受けて，国立台湾大学と台湾気象局が主体となって DOTSTAR（ドットスター）と呼ばれる

プロジェクトを開始した（図8.4）．DOTSTARは，Dropwindsonde Observations for Typhoon Surveillance near the Taiwan Regionの略で，台湾に影響のありそうな台風を対象に，航空機によるドロップゾンデ観測を行っている（Wu et al., 2005）．

2012年にDOTSTARは10周年を迎えた．プロジェクトの始まった2003年から2012年までに，49個の台風に対して全64回のフライトミッションを行い，全部で1051個のドロップゾンデを上空から投下した．積算の飛行時間は334時間にも上る．これまでの研究により，ドロップゾンデによる観測データをデータ同化（7章）に全く使用しないで数値予報を行うと，すべて使用したときと比べて，平均で20%程度進路予報誤差が増加することがわかっている．

後述するT-PARCなど，研究プロジェクトにより数か月程度，台風を対象とする航空機観測が行われることがあるが，2013年現在，北西太平洋域で定期的に台風航空機観測を行っているのはDOTSTARプロジェクトのみである．

図 8.4 DOTSTARで使用されているASTRAと呼ばれる飛行機
6時間程度連続飛行できる．G-IV（コラム14）のように，これまでにミッションを行った台風の名前のシールが機体に貼られている．

◇◇◇ 8.2 台風の解析 ◇◇◇

台風の解析は，解析対象時刻において，台風がどこにどのくらいの強さ，大きさで存在して，どの方向にどの程度のスピードで移動しているのかを明らかにすることであり，台風の特徴を把握するための重要な作業である．具体的な

解析項目は，中心気圧，最大風速，暴風域，強風域などの台風の強度と大きさ，中心位置，移動速度，進行方向などの台風の推移である．

より正確な解析結果を得るために，解析作業では，地上観測，海上観測，高層観測，レーダー観測，衛星観測など，利用可能なさまざまな観測データが利用される．また解析結果は，次回の数値予報の初期値にも反映されるので，その品質は予報精度にも影響を与える．このほか，解析対象時刻において台風が温帯低気圧化しているかどうかも調べている．以下，個々の解析項目に注目して，その解析手法を紹介する．

(1) 台風の中心位置

台風の中心位置は地上あるいは海上での気圧が最も低い点（極小点）で定義され，緯度・経度の 0.1 度単位で決められる．0.1 度はおよそ 10 km であるから，必然的に，少なくとも数 km 程度の誤差を含んでいることになる．中心位置の決定に使用される観測データには，静止衛星「ひまわり」などによる衛星観測，レーダー観測，地上・海上観測がある．レーダー観測，地上・海上観測は毎回必ず利用できる観測データではなく，台風が陸地付近にあるときなど，観測地点に台風が比較的近いときにのみ利用できる．一方，静止衛星「ひまわり」は北西太平洋全域を絶えず監視しているため，台風がどこにあっても観測データが利用できる．

台風はその一生の大半を陸地から離れた海上で過ごすため，中心位置を解析する際，利用できる観測データが衛星由来のものしかないことが少なくない．「ひまわり」は気圧を直接観測しているわけではないため，「ひまわり」による台風中心位置の解析では，雲システムの循環の中心を台風中心位置として解析する．図 4.24 のように台風の眼が明瞭な場合は高い精度で中心位置を解析することができるが，このような場合は全体の 2〜3 割程度しかない．図 4.21 のように眼が明瞭でない場合は，雲の連続画像，特に地上に近い下層雲の循環に注目して回転の中心を割り出すが，中心位置の解析精度は落ちる．また，可視画像が利用できる日中と異なり夜間は赤外画像しか利用できないため，誤差が大きくなる傾向がある．特に上層の雲システムの循環中心と下層の雲システム循環中心がずれているとき（例えば台風が偏西風帯に位置しているとき，上層の雲システムの循環中心が下層のものより下流に位置することがある）は，赤外画像だけでは下層の雲システム循環中心を特定することが難しく，誤差が大き

くなることがある．

　衛星以外の観測値，例えば，レーダー観測や地上・海上観測が利用できる場合でも，さまざまな要因で中心位置の解析精度が落ちることがある．このような事情を考慮して，実際に予報官が解析を行う際は解析精度に関する情報も付加される．台風中心位置の解析精度が 30 海里（約 55.6 km）以下と考えられるときは「正確」，30 海里より大きく 60 海里（約 111.1 km）以下のときは「ほぼ正確」，60 海里を超える場合は「不確実」という．

　衛星観測やレーダー観測を使用して中心位置が不明瞭であっても，台風域内（台風中心から約半径 5 度以内）に気圧の観測点がある場合は，「コンパス法」と呼ばれる手法が用いられることがある．これはあらかじめ気圧のプロファイル（気圧と台風中心位置からの距離の関係）を決めておいて，解析対象時刻においてもそのプロファイルが継続していると仮定して，解析対象時刻に得られた気圧の観測データから中心位置を割り出す方法である．一般に気圧のプロファイルは指数関数に近い曲線となっており，気象庁では高橋の式と呼ばれる実験式を用いている．図 8.5 は 2012 年台風 4 号が沖縄に接近したときの台風天気図で，台風域内の気圧データをもとにコンパス法により台風中心位置が解析された事例である．予報官が，台風周辺の観測データと矛盾がないように，コンパス法に基づいて手書きで地上気圧の天気図を解析した結果である．

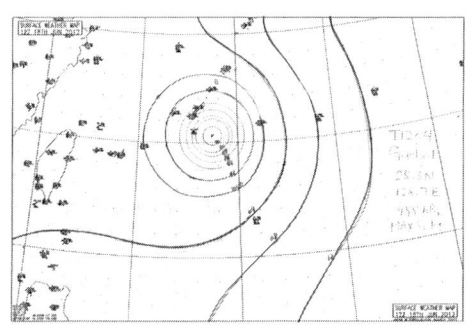

図 8.5 コンパス法によって解析された地上気圧の天気図
2012 年台風 4 号の事例．（気象庁提供）

(2) 進行方向と速度

台風の進行方向と速度は，過去（主に6時間前）の台風中心位置と解析対象時刻の台風中心位置の情報から決定する．進行方向は10度単位で解析され，気象庁のウェブサイトなどでは16方位で発表される．進行速度はノットで解析され，発表される際は毎時キロメートル（km/h）に変換される．ただし，速度が3〜5ノット（時速6〜9km）の場合で，進行方向が特定される場合は「ゆっくり」という表現で，進行方向が特定されない場合は，「ほとんど停滞」という表現で発表される．また，速度が5ノット以下で進行方向の決まらないときは「停滞」または「ほとんど停滞」と発表される．

(3) 最大風速・最大瞬間風速

最大風速は10分間平均の風速で定義される．瞬間的な風の強さではないので注意が必要である．瞬間的な風の強さは，最大瞬間風速で与えられる．最大風速，最大瞬間風速ともに，5ノット単位で解析される．

台風の中心付近で島や船舶やブイなどから実測値が得られる場合は，その観測データを最大限に利用するが，このような観測データが得られることはめったにない．したがって，多くの場合，台風の最大風速は「ドボラック法」と呼ばれる手法によって解析される（後述の中心気圧の解析も同様）．ドボラック法

表8.1　CI数と最大風速の変換テーブル
（気象庁資料をもとに作成）

CI 数	最大風速（ノット）
1.0	22
1.5	29
2.0	36
2.5	43
3.0	50
3.5	57
4.0	64
4.5	71
5.0	78
5.5	85
6.0	93
6.5	100
7.0	107
7.5	115
8.0	122

表 8.2 最大風速と最大瞬間風速の対応表(気象庁資料をもとに作成)

最大風速(ノット)	最大瞬間風速(ノット)	最大風速(ノット)	最大瞬間風速(ノット)
0	0	75	105
5	10	80	115
10	15	85	120
15	25	90	130
20	30	95	135
25	35	100	140
30	45	105	150
35	50	110	155
40	60	115	165
45	65	120	170
50	70	125	175
55	80	130	185
60	85	135	190
65	95	140	200
70	100		

とは,1974年に米国の気象学者 Vernon Dvorak が考案した手法で,衛星画像,主に昼夜を問わず利用可能な赤外の静止衛星画像を用いて熱帯低気圧の強度(最大風速や中心気圧)を推定する手法である.静止衛星による衛星画像は安定して入電してくる観測データであるため,ドボラック法は現業的な強度解析には非常に有効な手法であるといえる.

ドボラック法では,「CI 数(Current Intensity number)」と呼ばれる指数が非常に重要な役割を果たす.というのも,過去の実測にあうように,ドボラック法では CI 数に基づいて最大風速が決められ,中心気圧は最大風速との統計的な関係から得られるからである.また,後述の最大瞬間風速も最大風速から決められる.

CI 数は,台風の雲システムの特徴や台風が発達過程にあるか衰弱過程にあるかを考慮され,1.0 から 8.0 まで 0.5 刻みで解析される.表 8.1 に CI 数と最大風速の変換テーブルを示す.気象庁では,この変換テーブルを基本として,台風のステージに応じた微調整を行い,最終的に 5 ノット単位で最大風速を解析する.

最大瞬間風速は,最大風速の値から表 8.2 の対応表をもとに決められる.一般的に突風率(10 分間平均の風速に対する瞬間風速の比率)は,海上で 1.4 から 1.5 程度である.一方陸上,特に建造物が複雑に入り組んだ場所では突風率は 2.0 から 3.0 に達することもある.

表 8.3 CI 数と中心気圧の変換テーブル
(気象庁資料をもとに作成)

CI 数	中心気圧 (hPa)		
	全平均	発達過程	衰弱過程
1.0	1005	1008	999
1.5	1002	1004	997
2.0	998	1000	994
2.5	993	994	990
3.0	987	988	985
3.5	981	981	980
4.0	973	973	973
4.5	965	964	966
5.0	956	955	958
5.5	947	945	949
6.0	937	934	939
6.5	926	923	928
7.0	914	910	916
7.5	901	897	904
8.0	888	883	890

(4) 中心気圧

　台風の中心気圧は，台風が海上にあって 990 hPa よりも低いときは 5 hPa 単位で，990 hPa よりも高いときは 2 hPa 単位で解析を行う．台風の上陸後など，観測事実として確認できる場合は 1 hPa 単位で解析が行われることもある．台風が温帯低気圧に変わったときは 2 hPa 単位で解析される．

　気象庁では，台風のステージを考慮した CI 数と中心気圧の変換テーブル（表 8.3）を基本として中心気圧の解析を行っている．CI 数の変化傾向や天気図，また地上・海上観測が利用できる場合は観測データも十分に考慮して中心気圧が解析される．

(5) 暴風域・強風域

　暴風域は風速 25 m/s（50 ノット）以上の領域，強風域は風速 15 m/s（30 ノット）以上の領域を指す．暴風・強風も最大風速同様 10 分間平均の風速で定義される．最大風速が 25 m/s に満たない場合は，暴風域は「なし」として取り扱われる．

　暴風域・強風域は円形で解析される．ただし，円の中心が台風の中心と一致しているとは限らず，暴風域・強風域は空間的に偏りを持つことがある（非軸

対称構造).特に強風域は非軸対称構造を持つことが多い.暴風域・強風域の解析は,基本は風や気圧の観測から行われるが,衛星画像で確認される雲システムの大きさと中心気圧から推定することや,極軌道衛星による海上風観測を活用することもある.

　台風の発達期は,風が急激に強まり,中心気圧も急速に低下することがある.この発達を正確にとらえるためには,各資料の連続的な監視および変化を意識した解析が非常に重要となる.

(6) 台風の温帯低気圧化

　台風が中緯度（亜熱帯を含む）の傾圧帯に進み,上空の暖気核が消滅し,寒気が台風中心まで進入した時点が温帯低気圧化完了と定義されている.具体的には,地上の前線が台風循環の中心まで到達したか,衛星解析などでそれが確認された場合（主に850〜700 hPa レベルに乾燥した舌状の寒気が台風循環の西側から循環中心に侵入している様子で,衛星画像では下層雲,層積雲系の雲域で示される）,あるいは観測データによって暖気核の消滅が確認されたとき,「台風は温帯低気圧に変わった」と解析される.最大風速が台風と呼ばれるためのしきい値である34ノット未満となったが温帯低気圧とならない場合は,「台風は熱帯低気圧に変わった」と解析される.

コラム 16 ◆ 台風を追う強者達シリーズ：日本発,台風を追え（T-PARC）

　従来型の数値予報システムは,観測→データ同化による初期値作成→数値予報モデルによる予報→予報官による予報結果の解析→ユーザー利用という,観測からユーザー利用までが一方向のシステムである.近年では,世界気象機関が推進している国際研究計画 THORPEX（観測システム研究・予測可能性実験計画）のもと,双方向型の次世代数値予報システムが提唱されている.双方向型システムとは,観測からユーザー利用にわたる従来型の予報に加えて,①ユーザーが特定する大気現象に対して大きな予報誤差をもたらす領域（高感度領域と呼ぶ）を推定し,②高感度領域内で機動的に集中観測（最適観測と呼ぶ）を行い,③その新

たに得られた観測データを利用して数値予報を行うシステムのことである．双方向型数値予報システムでは，高感度領域における観測データをデータ同化に追加して利用することにより，より高精度の予報結果を期待することができる（余田，2007）．

　台風を対象とする最適観測法の有効性を調査するために，2008年の8月下旬から10月上旬までの6週間ほどにわたって，T-PARC（ティーパーク）と呼ばれる国際観測プロジェクトが実施された（図8.6）（中澤，2013；山口，2013）．日本をはじめ，米国やドイツ，中国などが参加し，台風に対して航空機によるドロップゾンデ観測が集中的に行われた．T-PARCで得られた観測データを使用したこれまでの研究で，高感度領域内の観測データをデータ同化に使用することで進路予報が改善する事例もあれば，そうではない事例もあることがわかった．

　最適観測法の根幹となるのは，どこで観測を行えば予報精度向上の観点から効果が得られるのかという高感度領域に関する情報である．高感度領域を推定する手法は，一般に感度解析と呼ばれている．感度解析はまだ確立された技術ではなく，さまざまな手法が検討されている段階で，世界各国で盛んに研究が行われている．今後，台風予報を対象とする最適観測法の有効性を実証するためには，感度解析技術の高度化が不可欠である．また，最適観測法の有効性を実証するためには，T-PARCで取得したわずか2か月弱の観測データだけでは不十分で，研究対象となる台風の事例数を増やす必要がある．そのためには，台湾近辺以外の北西太平洋域でも航空機による台風の定期的な直接観測を再開させるなど，

図 8.6 T-PARCで使用したFalconと呼ばれるドイツの航空機
左：機内の様子，右：機内でセットされたドロップゾンデは機体の下から落ちる仕組みになっている．（豊島実氏提供）

さらに研究事例を増やす必要がある．

◇◇◆ 8.3 台風の予報 ◆◇◇

　台風の予報は，今後台風がどの程度の強さ，大きさで，どこへ，どの程度の不確実性を持って進むのかを推定することであり，台風に伴う災害の防止・軽減に不可欠な情報を提供する極めて重要な作業である．具体的な予報項目は，台風の中心位置，予報円半径，進行方向と速度などの台風の進路に関する予報，中心気圧，最大風速，最大瞬間風速，暴風域半径などの台風の強度に関する予報である．

　台風の進路は5日先まで，台風の強度は3日先までの予報が3, 9, 15, 21時に発表される．また，台風の急な変化にも対応できるよう，0, 6, 12, 18時には24時間先までの進路・強度予報が発表される．

(1) 台風の進路予報

　台風の進路予報では，台風の中心位置，予報円の半径，台風の進行方向と速度を予報する．台風の中心位置は緯度・経度とも0.1度単位で予報される．ただし，台風が温帯低気圧化または熱帯低気圧化したときは1度単位で予報される．中心位置の決定には，表7.1に示した複数の数値予報システムによる予報結果が利用される．このほか，国際協力の枠組みにおいて，海外の数値予報センターによる予報結果もリアルタイムで相互交換されており，これらの予報結果も利用される．特定のある数値予報システムによる予報結果が常に誤差の最も小さい予報とは限らないので，これまでの台風の実況や各予報結果の誤差の経過を踏まえて，信頼性の高いものを選択する場合と，いくつかの予報結果の平均をとる場合がある．こうして数値予報システムによる予報結果に基づいて作成された進路予報を基本とし，予報官が補正を行う．最も単純な補正の例は，実況の台風の位置や進行方向が数値予報システムによる予報結果とすでに異なっている場合で，その誤差分を考慮して予報結果が補正される．

　予報円は，予報対象時刻に70%の確率で台風の中心が存在すると予想される範囲を示す円で，台風進路予報の不確実性，信頼度に関する情報である（図2.3）．予報には誤差が伴い，誤差の大きさは予報対象時刻が延びるほど大きく

なる．台風中心位置の平均的な予報誤差は，大ざっぱにいって予報対象時刻が1日延びると100km程度大きくなる（図8.10）．このような事情を反映して，予報円の半径は予報対象時刻とともに大きくなる．予報円の半径は，台風の存在位置，進行方向，速度，各数値予報システムによる予報結果のばらつき具合などを考慮して決められる．

8.2節の台風の解析と同様に，台風の進行方向は10度単位で予報され，気象庁のウェブサイトなどには16方位で発表される．進行速度はノットで解析され，発表される際は毎時キロメートル（km/h）に変換される．ただし，速度が3〜5ノット（時速6〜9km）の場合は「ゆっくり」という表現で発表される．また，速度が0〜2ノット（時速0〜4km）の場合は「ほとんど停滞」と発表される．

(2) 台風の強度予報

台風の強度予報では，中心気圧，最大風速，最大瞬間風速，暴風警戒域を予報する．数値予報結果を基本とする進路予報と比較すると，台風の強度予報における数値予報の比重は現在では小さく，統計的な予測手法が基本となっている．台風が発達期，成熟期，衰弱期のどのステージにあるのかを台風の周辺の気象状況や海面水温から判断し，数値予報の結果も参考にしながら，統計的な強度変化に基づいて強度予報を行う．

台風強度の解析作業で見たように，CI数が決まると最大風速が決まり（表8.1），最大風速が決まると，中心気圧，最大瞬間風速が決まる（表8.2, 8.3）．予報作業においても同様で，CI数が基本となる．ここでは，台風のステージや気象状況，数値予報結果をもとに，予想されるCI数を求め，この予想CI数から中心気圧，最大風速，最大瞬間風速の予報値が決められる．予報の単位は解析の単位と同様であり，中心気圧であれば，990hPaよりも低いときは5hPa単位で，990hPaよりも高いときは2hPa単位で予報が発表される．

暴風警戒域は台風の中心が予報円内に進んだとき，暴風域に入る可能性がある領域である．暴風警戒域は，予想される暴風域の範囲と予報円の大きさから求められる．予想される最大風速が25m/s以下の場合は，暴風警戒域は「なし」として取り扱われる．

コラム 17 ◆ 台風を追う強者達シリーズ：伊勢湾台風再現実験プロジェクト

1959年に日本を襲った伊勢湾台風では，東海地方に高潮を中心とした災害が発生し，5000人以上の死者・行方不明者が出る大惨事となった（2章）．これを契機として，日本での台風研究が活発になり，行政側の系統だった対応を旨とする災害対策基本法が制定された．そして，ちょうど伊勢湾台風の来襲から50年経った2009年，現在の数値予報技術をもってすれば，どこまであの災害を予測できたのかという興味深い問いに答えるべく，気象庁や気象研究所を中心として「伊勢湾台風再現実験プロジェクト」が行われた．

気象庁は，1958年からの55年間分について，観測データを最先端の数値予報システムと融合させる大気再解析を進めており，1958年以降の気象状況が再現されることになっていた．ただし，この大気再解析の水平解像度は55kmであり，台風の様子を詳細に明らかにすることはできない．そこで，この結果をもとに，さらなる高解像度計算が実行されることになった．

それに加え，航空機観測が予報精度に与える影響に関しても調査が行われた．というのも，1987年までは米軍が航空機観測を行っていたため，伊勢湾台風に対しても上陸前の洋上観測が行われていたのだ．プロジェクトに参加した研究者は，当時の関係者（米国海軍）などに航空機観測データなどのありかを訪ね回ったが，なかなか探すのに苦労したようである．結局のところ，伊勢湾台風に対する航空機観測の情報は，気象庁の文献に紙媒体として残されていた．当時の観測に携わった人々は，このような形で観測データが使われることになるとは，想像できなかったに違いない．

プロジェクトの成果は，気象研究所（別所ら，2010；Kawabata et al., 2012；斉藤ほか，2013）に報告されている．それによると，当時の航空機観測の情報をもとに現在のシステムで予測を行えば，進路や中心気圧・降水分布の予測もおおむね正確に行うことができることがわかった（図8.7）．また，高潮についても，観測された最高潮位が3.89mである

のに対して，数値モデルの予報値が 3.52 m とかなりの精度で予測でき，そのタイミングもほぼ正確に予測された．高潮は台風が湾の西側を通り，かつ強風が吹きつけるときに高くなる（2章）．そのため，台風の進路や強度が正確に再現されたことで，現実に甚大な災害をもたらした高潮についても，精度の高い予報ができたと考えられる．

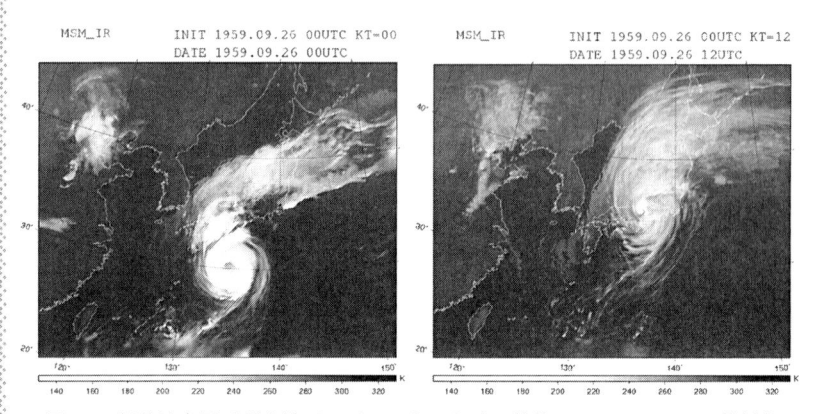

図 8.7 伊勢湾台風再現実験プロジェクトにおける数値シミュレーション結果を用いて作成された擬似衛星画像（Kawabata et al., 2012）
左：1959 年 9 月 26 日午前 9 時（日本時間），右：1959 年 9 月 26 日午後 9 時（日本時間）．洋上の台風には明瞭な台風の眼があり，紀伊半島への上陸も再現されている．

◇◇◆ 8.4 地球規模の台風包囲網：台風センター ◆◇◇

台風発生域（図 3.16）で見たように，台風の発生領域は広範囲にわたっている．発生後の経路も多様で，台風はアジア全域に影響を及ぼす大気現象といえる．ある特定の台風に着目しても，数 1000 km 以上にわたって移動するため，被害が広い範囲に及ぶし，国境をまたいで被害が出ることもある．

このような台風の特徴からわかるように，台風に伴う災害を防止・軽減するためには国際的な協力が不可欠であり，台風に関する観測データや台風の解析情報，予報結果を速やかに，また正確に共有することが重要である．

国際的な取組みを促進する世界気象機関は，熱帯低気圧の分野における多国間の協力を強化するために，熱帯低気圧の発生する海域ごとに熱帯低気圧の解析と予報を行い関係各国へ情報を提供する機関を設けている．地域特別気象セ

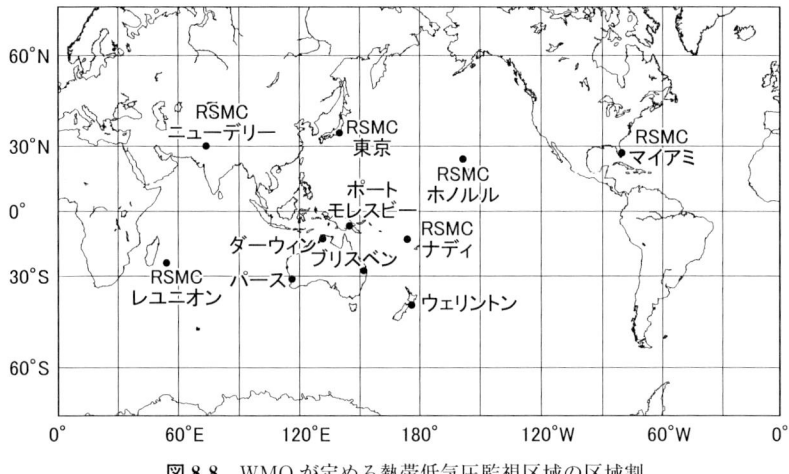

図 8.8　WMO が定める熱帯低気圧監視区域の区域割

ンター(Regional Specialized Meteorological Center：RSMC) と呼ばれる機関が世界に 6 か所（東京，マイアミ，ホノルル，ニューデリー，レユニオン，ナディ），熱帯低気圧警報センター(Tropical Cyclone Warning Center：TCWC) と呼ばれる機関が世界に 5 か所ある（ポートモレスビー，ダーウィン，パース，ブリスベン，ウェリントン）．台風の発生する北西太平洋域を担当しているのは東京にある RSMC で，気象庁が業務を担当している（図 8.8）．

RSMC 東京は 1989 年に設置され，それ以来台風の解析，予報において地域の中心的な役割を担っている．このほか，気象衛星画像の各国への提供，リアルタイムの台風解析と予報の提供，数値予報資料の共有による各国業務の支援，各国特定地点の高潮予測支援などを実施しており，地域全体の台風関連業務を主導している．

コラム 18　台風を追う強者達シリーズ：誕生の謎を追う PALAU2013

2013 年初夏，日本のはるか南の海上で，日本の研究機関や大学が参加した大規模な観測プロジェクト"PALAU2013"(pacific area long-term atmospheric observation for understanding of climate change) が行わ

れた．台風の誕生には，暖かい海の上で活発に発生・組織化する積乱雲
と，雲に伴って発生する渦の関与が指摘されているが，まだその多くが
明らかにされていない（5章）．これまでベールに包まれていた台風発生
の一部始終を明らかにするためには，実際に台風が発生している現場で，
風や雲や海の挙動を詳細かつ連続的に把握することが不可欠となる．
PALAU2013は，このような観測を行うことができるパラオ共和国とそ
の近海において，日本の研究者達がチームを組み，最先端の観測技術を
駆使した観測網を展開したプロジェクトである（図8.9）．

　海洋研究開発機構は，これまで構築してきた観測網に加えて，ドップ
ラーレーダーをはじめとする最先端の気象・海洋の観測機器を搭載し
た，わが国で唯一の研究船である「みらい」を出動させた．時期を同じ
くして，名古屋大学，琉球大学，横浜国立大学，海洋研究開発機構の教
員・研究員・学生は，パラオにて観測を始めた．集中的な観測期間はお
よそ1か月（2013年6月1日～30日）．その期間，台風は北西太平洋で

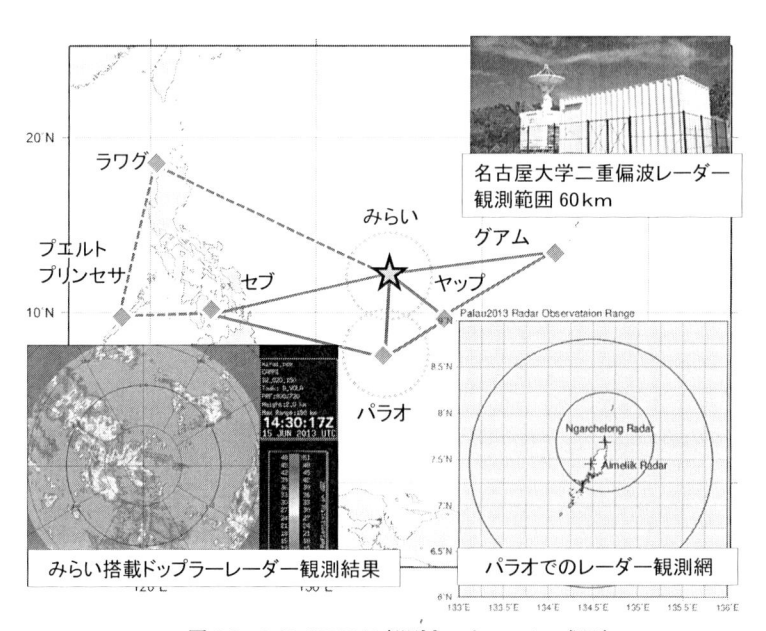

図 8.9 PALAU2013観測ネットワークの概要
左下はみらいに搭載されたドップラーレーダーの観測結果．台風4号の卵を構成する積乱
雲の群れが観測されている．（城岡竜一氏と篠田太郎氏と勝俣昌己氏提供）

4個発生し，その台風になる前の卵である雨雲3個が観測サイト付近を通過した．図8.9左下はみらいに搭載されたドップラーレーダーの観測結果の一例である．この画像に写っている雲の集団は，のちに台風4号になるその卵である．台風発生をもたらす凶暴な種が，この観測の中に隠されている．現在，多くの台風研究者が，今回の観測結果を解析している．いままさに，この観測をきっかけとして，台風誕生の謎が解き明かされようとしている．

◇◇◆ 8.5 完璧な予報を目指して ◆◇◇

(1) 進路予報の改善に向けて

図8.10は，台風中心位置の予報の年平均誤差の経年変化を表している．異なる5本の線は，下から24時間先（1日先），48時間先（2日先），72時間先（3日先），96時間先（4日先），120時間先（5日先）の予報誤差を表している．24時間予報は予報円による進路予報が開始された1982年以降，48時間予報，72時間予報，96・120時間予報はそれぞれ予報の発表が開始された1989年，1997年，2009年以降の値が示されている．

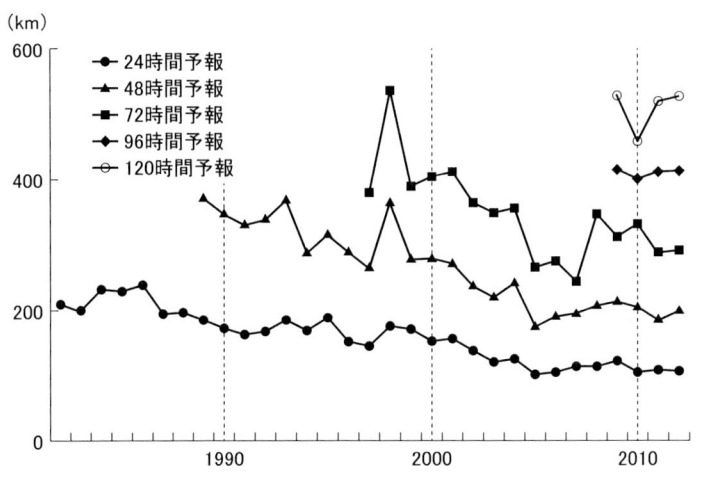

図8.10 台風進路予報の年平均誤差
（気象庁ウェブサイトをもとに作成）

図8.10を見ると，予報時間が延びると誤差も大きくなることがわかる．また，全体的に誤差が右肩下がりで，予報誤差が年とともに減少傾向にあることがわかる．最新の2012年の誤差を見ると，24時間予報で約100 kmの誤差があり，その先予報時間が1日延びるごとに約100 km誤差が大きくなる．

　このような台風進路予報の改善の背景には，7章で見た数値予報による予測精度の向上がある．例えば，全球モデルによる台風の進路予報を検証すると，1991年当時の3日予報の誤差（年平均誤差）と近年の5日予報の誤差が同程度であることがわかる．これは，1991年当時と比べるとおよそ2日分予報精度が改善したことを意味する．

　このように予報精度は大幅に改善しているが，これ以上改善が見込めない限界域に達したわけではなく，まだまだ改善の余地はある．ここでは，観測，数値予報，アプリケーションに焦点をあてて，さらなる台風進路予報の改善に向けた課題を考える．

　観測に関しては，北西太平洋域における航空機観測が再開されることとなれば，台風進路予報のブレイクスルーとなるだろう．台風を対象とする航空機観測が台風進路の予測精度を改善することは，ハリケーンハンター（コラム14）やDOTSTAR（コラム15）などの過去の研究から明らかである．北大西洋域同様に北西太平洋域でも現業的に航空機観測を行えば，台風の進路予報誤差は一層減少するであろう．

　一方，「いつ，どこで，何（風，気温，水蒸気など）を」観測すれば進路予測誤差を効率的に軽減することができるかについては，いまだによくわかっていない．例えば，台風の東側の観測の方が西側の観測よりも効果的であるとか，今回は航空機観測を行わなくても正確な進路予測ができそうである，または逆に，今回は航空機観測によるインパクトが大きそうであるなどの知見が観測を行う前に得られれば，より効率的に進路予測の改善を図ることができる．

　また，米国航空宇宙局（National Aeronautics and Space Administration：NASA）は，「Global Hawk（グローバルホーク）」と呼ばれる無人飛行機によるハリケーン観測を行っている．グローバルホークはもともと軍事目的で開発された無人偵察機であるが，NASAは，気象観測用に改造してハリケーン観測を行っている．有人の航空機は，ハリケーンまでの往復の飛行時間を除くと，10時間程度しか連続して観測できないのに対して，グローバルホークは30時間程度連続して観測することができる．NASAのグローバルホークには，ドロ

ップゾンデを投下するための設備や，気象衛星に搭載されるような最新鋭のセンサが搭載されている．ハリケーンの位置に応じて軌道を修正できる気象衛星のようであり，NASA の研究者はグローバルホークを「バーチャルサテライト」と呼んでいる．このような革新的な観測手法の確立は，予報精度のさらなる改善だけではなく，これまで十分に理解されていない現象のメカニズムの解明にも大きく貢献することが期待される．

　数値予報に関しては，進路予報誤差が極端に大きくなる事例を少なくすることが課題である．先述のとおり，年間の平均的な進路予報誤差は減少しており，例えば 3 日先の進路予報であれば，年平均誤差は現在 300 km（東京都と三重県の間の直線距離に相当）程度である．しかし，いつも誤差が 300 km 程度で発生しているわけではなく，誤差がほぼない予報もあれば誤差が 300 km を大きく超える予報も存在する．中には，3 日予報で 1000 km（東京都と鹿児島県の間の直線距離に相当）程度の誤差が生じるような事例も存在する．このような「大外し」の事例の原因を初期値や数値予報モデルの両方の観点から調査し，数値予報システムをさらに改善することが重要である．

　また，今後も増え続ける衛星データの数値予報への利用（データ同化技術の高度化）も重要な課題である．アプリケーションに関しては，予報円の形状の最適化が挙げられる．気象庁は「予報円」という形で台風の進路予報に関する不確実性を予報している．一方，台風の進路予報の予報誤差を解析すると，予報誤差の分布が空間的に等方でないことがわかる．例えば，台風が偏西風帯に沿って北東進しているような場合は，台風の進行方向に沿って誤差が出やすい傾向がある．このような場合は予報円ではなく，台風の進行方向に長軸を持つ予報「楕円」で予報の不確実性を表現した方がよいであろう（山口，2013）．

　アンサンブル予報を利用すると，予報の初期時刻ごとに異なる予報誤差の分布が陽に推定できるため，予報円の形状を最適化できる可能性がある．アンサンブル予報を上手に活用することにより，より高精度の信頼度情報（不確実性情報）を提供することが可能となると考えられる．

　アンサンブル予報の利用に関しては，もう 1 点有望な利用方法がある．それは「アンサンブル予報のアンサンブル」の利用である．アンサンブル予報は気象庁だけが運用している数値予報システムではなく，米国や英国，中国や韓国なども運用している．これら複数のアンサンブル予報結果を収集することによりアンサンブル予報のアンサンブルを作ることができる（マルチセンターアン

サンプルと呼ばれる).図 8.11 は,気象庁,米国,カナダ,英国,中国,韓国の気象局,またヨーロッパ中期予報センターが運用するアンサンブル予報を集めたマルチセンターアンサンブルによる台風進路予報である.全部で 200 通りを超す予報結果の集合である.ここで注目したいのは,2012 年台風 17 号のように予報の不確実性が大きい事例がある一方,2013 年台風 7 号のようにどの数値予報センターのどのアンサンブル予報も同じような予報をする事例があることである.このようにマルチセンターアンサンブルを用いると,予報の不確実性に関する情報がより高精度になり,例えば予報のばらつき具合が小さいときは予報円の大きさをさらに小さくし,台風が影響を及ぼすと考えられる領域をいっそう絞ることができるかもしれない.

ちなみに図 8.12 は,図 8.11 右で示した 2012 年台風 17 号の予報初期時刻の

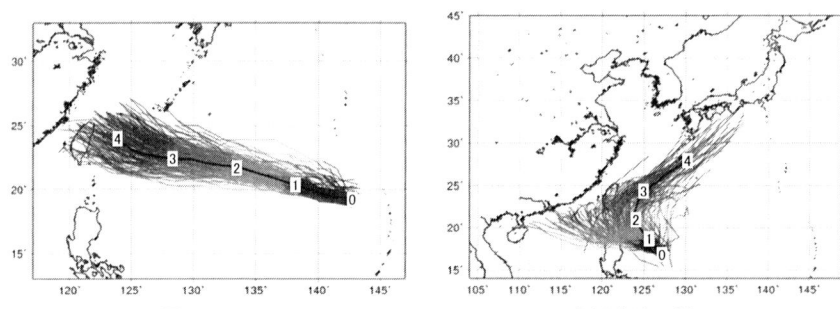

図 8.11 マルチセンターアンサンブルによる台風進路予報
左は 2013 年台風 7 号,右は 2012 年台風 17 号の事例.

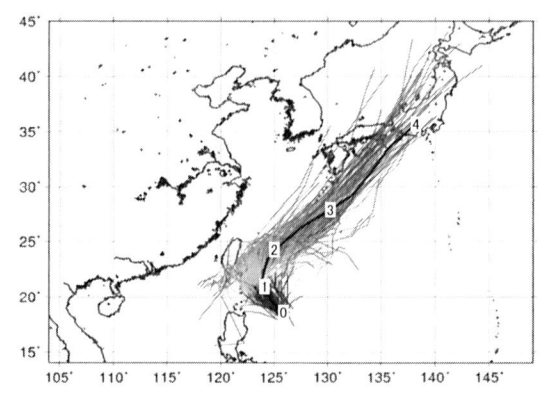

図 8.12 2012 年台風 17 号のマルチセンターアンサンブルによる台風進路予報
図 8.11 右で示した予報の 1 日後を初期時刻とする予報.

1日後のマルチセンターアンサンブル予報である．前日の予報では大きくばらついていたが，ほぼすべての予報が日本へ向かう予報となっていることがわかる．これは，大気の状態が時々刻々と変化しており，予報の難しさ，予報の不確実性も変化していることを表している．このようなアンサンブル予報の特徴を知らないと，予報を見た利用者は「昨日といっていることが違うじゃないか」と不満を感じるかもしれない．

アンサンブル予報による台風進路予報は，さまざまな新しい情報を生み出すことが期待される．一方，その特徴や利用方法を利用者に十分に周知することも重要であろう．台風進路予報の改善には，観測や数値予報システムといった技術的な課題がある一方，情報の利用方法という観点からの取組みも今後重要となってくるだろう．

(2) 強度予報の改善に向けて

強度予報については改善されてきたのであろうか？　図8.13は，北西太平洋域における中心気圧の予報誤差を示している．これを見ると24時間予報の誤差はおよそ10 hPa，そして72時間予報の誤差は20 hPaとなっている．図8.10で示したように，台風の進路予報が過去20年間にわたって改善し続けているのに対して，中心気圧や最大風速に代表される台風の強度予報はあまり改善傾

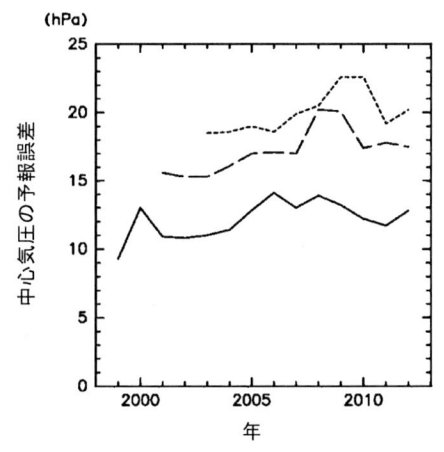

図8.13　台風中心気圧の年平均誤差
24時間（実線），48時間（破線），72時間（細かい破線）予報での結果．

向が見られない．というのも，台風の進路は大まかには台風の周囲の風によって決まるので（5章），観測や数値モデルで特徴をとらえやすい．一方台風の強度は，台風の中心付近である内部コアで起こる現象に大きく依存しているため，観測が難しく，計算を行うにも高解像度の数値モデルを用いる必要があるからだ．

　台風は，海面を通じて大気が受け取った水蒸気が上空で液体の水となるときに発せられる潜熱を加熱源とする大気現象である．その加熱が起こるのは主に眼の壁雲領域であるため，ここでの加熱を数値モデルが正しくとらえられるかどうか，そして，台風の中心付近に運ばれる水蒸気の量を正確に定量化できているかということが重要となる．

　台風のサイズにもよるが，壁雲の厚さはおよそ数 km から数十 km であるから，数値モデルの水平格子点間隔はそれよりも細かくとらなくてはならない．2013年現在，台風の強度予報に用いられている数値予報モデルは約 20 km の格子点間隔であり，壁雲領域での加熱を十分に表現することができない．そのため，気象庁における台風強度予報では，現状では数値予報モデルに加え，統計的な手法も合わせて用いられている．

　より現実的な台風強度を数値モデルによって再現する試みも進められているが，台風の発達スピードは，台風の内部コアで凝結が起こる微妙な位置の違いにも大きく依存すると考えられているため，水物質の状態変化を正確にモデル化することが求められている．しかし，このような物理過程は，気象学分野の中でも困難な問題の1つであり，研究者は悪戦苦闘している．また，6章で述べたように，海面を通じた熱・運動量輸送には不確定性が大きい．そのほか，台風の周囲で上層と下層に大きな風速差がある場合には，台風の中心軸が歪み，水蒸気も中心から外側に排出されやすいと考えられている．そのため，台風の周囲の風を正確に予測することも，重要な課題である．

　さらに，台風がゆっくりと進む場合，台風自身が海面水温を低下させるため，台風側が受け取れる水蒸気量は海面水温が変わらないとした場合に比べて少なくなる（6章）．現状の気象庁の予報システムには組み込まれていないが，海面の影響を考慮した数値予報技術の開発が進められてきており（Ito et al., 2014），将来，改善に貢献できることが期待されている（図8.14）．このように，これまで困難と考えられてきた台風の強度予報に関しても，計算機性能の進展や新しい技術開発によって，改善を進めようという努力が続けられている．

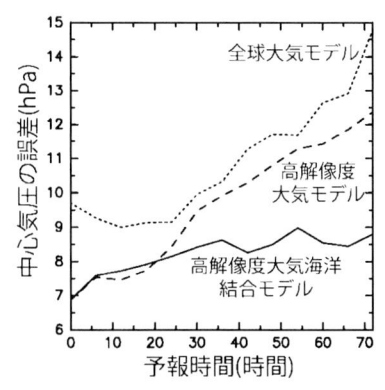

図 8.14 予報時間ごとの台風の中心気圧の誤差
予報誤差は二乗平均平方根で示す．高解像度の大気海洋結合モデルを用いた場合で最も誤差が小さくなっている．
[Ito et al. (2014) を改変]

コラム 19 ◆ 台風を追う強者達シリーズ：未来の台風を追う

2013年9月，「気候変動に関する政府間パネル（Intergovernmental Panel on Climate Change：IPCC）」第5次評価報告書が発表された．その報告では，2007年の第4次評価報告書と同様に，「地球温暖化については疑う余地がない」としている．因果関係など多くの論争が各地で起きているが，地球規模で見たときには，やはり温暖化が進行していることは事実のようである．この地球温暖化は，気温の上昇だけでなく，さまざまな大気現象に大きな変化をもたらし，台風もその影響を受ける現象の1つである．将来の気候において，台風がどう凶暴化するのか？　その発生数はどうなるのか？　世界中の多くの台風研究者が，その問いに答えるために研究を進めている．

過去の台風については，台風の発生数や強さの推移など，観測データに基づいてその動向をある程度把握することは可能である．しかし，将来の台風については，数値シミュレーションの予測とそれに合わせた理論的考察によってのみ知見を得ることができる．近年の気象研究所を中心としたグループ（Murakami et al., 2012）は，現在気候と将来気候の台風についてのシミュレーションを行ってきた（図8.15）．それらの研究

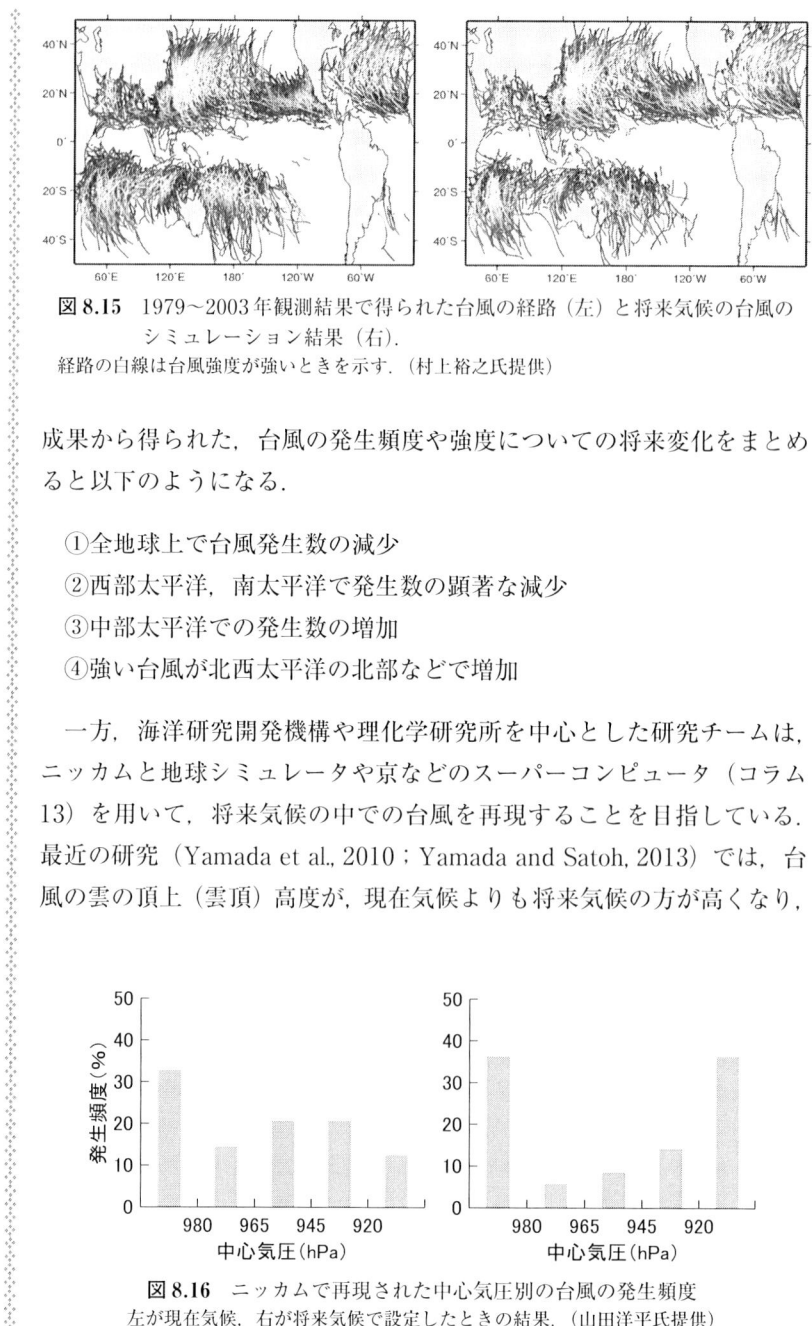

図 8.15 1979〜2003年観測結果で得られた台風の経路（左）と将来気候の台風のシミュレーション結果（右）．
経路の白線は台風強度が強いときを示す．（村上裕之氏提供）

成果から得られた，台風の発生頻度や強度についての将来変化をまとめると以下のようになる．

①全地球上で台風発生数の減少
②西部太平洋，南太平洋で発生数の顕著な減少
③中部太平洋での発生数の増加
④強い台風が北西太平洋の北部などで増加

一方，海洋研究開発機構や理化学研究所を中心とした研究チームは，ニッカムと地球シミュレータや京などのスーパーコンピュータ（コラム13）を用いて，将来気候の中での台風を再現することを目指している．最近の研究（Yamada et al., 2010；Yamada and Satoh, 2013）では，台風の雲の頂上（雲頂）高度が，現在気候よりも将来気候の方が高くなり，

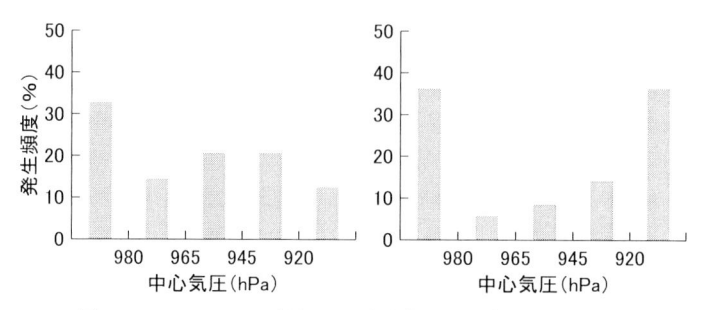

図 8.16 ニッカムで再現された中心気圧別の台風の発生頻度
左が現在気候，右が将来気候で設定したときの結果．（山田洋平氏提供）

8.5 完璧な予報を目指して

台風の暖気核（5章）がより広範囲で発生することで，台風が強大化すると考察している（図 8.16）．

研究技術の開発は10年前と比べて格段に進歩した．地球シミュレータや京などのスーパーコンピュータの出現，それに対応した数値モデルの開発．それらの革新的なツールを用いた気候変動の研究は，いま現在も日本や世界の各地で行われている．地球温暖化はまだまだ発展が求められるテーマであり，今後の研究成果に注目したい．

巻末付表

表A　台風の名前リスト（2014年7月現在，気象庁ウェブサイトをもとに作成）

	命名した国と地域	呼　名	片仮名読み	意　味
1	カンボジア	Damrey	ダムレイ	ゾウ
2	中　国	Haikui	ハイクイ	イソギンチャク
3	北朝鮮	Kirogi	キロギー	ガン（雁）
4	香　港	Kai-tak	カイタク	啓徳（旧空港名）
5	日　本	Tembin	テンビン	てんびん座
6	ラオス	Bolaven	ボラヴェン	高原の名前
7	マカオ	Sanba	サンバ	マカオの名所
8	マレーシア	Jelawat	ジェラワット	淡水魚の名前
9	ミクロネシア	Ewiniar	イーウィニャ	嵐の神
10	フィリピン	Maliksi	マリクシ	速いを表すフィリピン語
11	韓　国	Gaemi	ケーミー	アリ（蟻）
12	タ　イ	Prapiroon	プラピルーン	雨の神
13	米　国	Maria	マリア	女性の名前
14	ベトナム	Son-Tinh	ソンティン	ベトナム神話の山の神
15	カンボジア	Ampil	アンピル	タマリンド
16	中　国	Wukong	ウーコン	（孫）悟空
17	北朝鮮	Sonamu	ソナムー	マツ
18	香　港	Shanshan	サンサン	少女の名前
19	日　本	Yagi	ヤギ	やぎ座
20	ラオス	Leepi	リーピ	ラオス南部の滝の名前
21	マカオ	Bebinca	バビンカ	プリン
22	マレーシア	Rumbia	ルンビア	サゴヤシ
23	ミクロネシア	Soulik	ソーリック	伝統の酋長称号
24	フィリピン	Cimaron	シマロン	野生の牛
25	韓　国	Jebi	チェービー	ツバメ
26	タ　イ	Mangkhut	マンクット	マンゴスチン
27	米　国	Utor	ウトア	スコールライン
28	ベトナム	Trami	チャーミー	花の名前
29	カンボジア	Kong-rey	コンレイ	伝説の少女の名前
30	中　国	Yutu	イートゥー	民話のウサギ
31	北朝鮮	Toraji	トラジー	キキョウ
32	香　港	Man-yi	マンニィ	海峡の名前
33	日　本	Usagi	ウサギ	うさぎ座
34	ラオス	Pabuk	パブーク	大きな淡水魚
35	マカオ	Wutip	ウーティップ	チョウ（蝶）
36	マレーシア	Sepat	セーパット	淡水魚の名前
37	ミクロネシア	Fitow	フィートウ	花の名前
38	フィリピン	Danas	ダナス	経験すること
39	韓　国	Nari	ナーリー	ユリ
40	タ　イ	Wipha	ウィパー	女性の名前
41	米　国	Francisco	フランシスコ	男性の名前
42	ベトナム	Lekima	レキマー	果物の名前
43	カンボジア	Krosa	クローサ	ツル
44	中　国	Haiyan	ハイエン	ウミツバメ
45	北朝鮮	Podul	ポードル	ヤナギ
46	香　港	Lingling	レンレン	少女の名前
47	日　本	Kajiki	カジキ	かじき座

巻末付表　　　　　　　　　　　　　　*157*

	命名した国と地域	呼　名	片仮名読み	意　味
48	ラオス	Faxai	ファクサイ	女性の名前
49	マカオ	Peipah	ペイパー	魚の名前
50	マレーシア	Tapah	ターファー	ナマズ
51	ミクロネシア	Mitag	ミートク	女性の名前
52	フィリピン	Hagibis	ハギビス	すばやい
53	韓国	Neoguri	ノグリー	タヌキ
54	タイ	Rammasun	ラマスーン	雷神
55	米国	Matmo	マットゥモ	大雨
56	ベトナム	Halong	ハーロン	湾の名前
57	カンボジア	Nakri	ナクリー	花の名前
58	中国	Fengshen	フンシェン	風神
59	北朝鮮	Kalmaegi	カルマエギ	カモメ
60	香港	Fung-wong	フォンウォン	山の名前（フェニックス）
61	日本	Kammuri	カンムリ	かんむり座
62	ラオス	Phanfone	ファンフォン	動物
63	マカオ	Vongfong	ヴォンフォン	スズメバチ
64	マレーシア	Nuri	ヌーリ	オウム
65	ミクロネシア	Sinlaku	シンラコウ	伝説上の神
66	フィリピン	Hagupit	ハグピート	むち打つこと
67	韓国	Jangmi	チャンミー	バラ
68	タイ	Mekkhala	メーカラー	雷の天使
69	米国	Higos	ヒーゴス	イチジク
70	ベトナム	Bavi	バービー	ベトナム北部の山の名前
71	カンボジア	Maysak	メイサーク	木の名前
72	中国	Haishen	ハイシェン	海神
73	北朝鮮	Noul	ノウル	夕焼け
74	香港	Dolphin	ドルフィン	白イルカ．香港を代表する動物の1つ．
75	日本	Kujira	クジラ	くじら座
76	ラオス	Chan-hom	チャンホン	木の名前
77	マカオ	Linfa	リンファ	ハス（蓮）
78	マレーシア	Nangka	ナンカー	果物の名前
79	ミクロネシア	Soudelor	ソウデロア	伝説上の酋長
80	フィリピン	Molave	モラヴェ	木の名前
81	韓国	Goni	コーニー	白鳥
82	タイ	Atsani	アッサニー	雷
83	米国	Etau	アータウ	嵐雲
84	ベトナム	Vamco	ヴァムコー	ベトナム南部の川の名前
85	カンボジア	Krovanh	クロヴァン	木の名前
86	中国	Dujuan	ドゥージェン	ツツジ
87	北朝鮮	Mujigae	ムジゲ	虹
88	香港	Choi-wan	チョーイワン	彩雲
89	日本	Koppu	コップ	コップ座
90	ラオス	Champi	チャンパー	赤いジャスミン
91	マカオ	In-fa	インファ	花火
92	マレーシア	Melor	メーロー	ジャスミン
93	ミクロネシア	Nepartak	ニパルタック	有名な戦士の名前
94	フィリピン	Lupit	ルピート	冷酷な
95	韓国	Mirinae	ミリネ	天の川

	命名した国と地域	呼　名	片仮名読み	意　味
96	タ　イ	Nida	ニーダ	女性の名前
97	米　国	Omais	オーマイス	徘徊
98	ベトナム	Conson	コンソン	歴史的な観光地の名前
99	カンボジア	Chanthu	チャンスー	花の名前
100	中　国	Dianmu	ディアンムー	雷の母
101	北朝鮮	Mindulle	ミンドゥル	タンポポ
102	香　港	Lionrock	ライオンロック	山の名前
103	日　本	Kompasu	コンパス	コンパス座
104	ラオス	Namtheun	ナムセーウン	川の名前
105	マカオ	Malou	マーロウ	めのう（瑪瑙）
106	マレーシア	Meranti	ムーランティ	木の名前
107	ミクロネシア	Rai	ライ	ヤップ島の石の貨幣
108	フィリピン	Malakas	マラカス	強い
109	韓　国	Megi	メーギー	ナマズ
110	タ　イ	Chaba	チャバ	ハイビスカス
111	米　国	Aere	アイレー	嵐
112	ベトナム	Songda	ソングダー	北西ベトナムにある川の名前
113	カンボジア	Sarika	サリカー	さえずる鳥
114	中　国	Haima	ハイマー	タツノオトシゴ
115	北朝鮮	Meari	メアリー	やまびこ
116	香　港	Ma-on	マーゴン	山の名前（馬の鞍）
117	日　本	Tokage	トカゲ	とかげ座
118	ラオス	Nock-ten	ノックテン	鳥
119	マカオ	Muifa	ムイファー	梅の花
120	マレーシア	Merbok	マールボック	鳥の名前
121	ミクロネシア	Nanmadol	ナンマドル	有名な遺跡の名前
122	フィリピン	Talas	タラス	鋭さ
123	韓　国	Noru	ノルー	ノロジカ（鹿）
124	タ　イ	Kulap	クラー	バラ
125	米　国	Roke	ロウキー	男性の名前
126	ベトナム	Sonca	ソンカー	さえずる鳥
127	カンボジア	Nesat	ネサット	漁師
128	中　国	Haitang	ハイタン	野生リンゴ
129	北朝鮮	Nalgae	ナルガエ	つばさ
130	香　港	Banyan	バンヤン	木の名前
131	日　本	Hato	ハト	はと座
132	ラオス	Pakhar	パカー	淡水魚の名前
133	マカオ	Sanvu	サンヴー	サンゴ（珊瑚）
134	マレーシア	Mawar	マーワー	バラ
135	ミクロネシア	Guchol	グチョル	ウコン
136	フィリピン	Talim	タリム	鋭い刃先
137	韓　国	Doksuri	トクスリ	ワシ（鷲）
138	タ　イ	Khanun	カーヌン	果物の名前、パラミツ
139	米　国	Vicente	ヴェセンティ	男性の名前
140	ベトナム	Saola	サオラー	ベトナムレイヨウ

巻末付表

表 B 1951年以降日本に上陸した台風のリスト（気象庁資料をもとに作成）

年	月	台風番号	台風名	都道府県	上陸日時（日本時）
1951	7	5106	ケイト	高知県	7月1日22時ごろ
	10	5115	ルース	鹿児島県	10月14日19時ごろ
1952	6	5202	ダイナ	和歌山県	6月23日20時ごろ
	7	5204	フリダ	宮崎県	7月15日10時ごろ
	8	5209	キャレン	北海道	8月19日22時ごろ
1953	6	5302	ジュディ	熊本県	6月7日9時ごろ
	9	5313	テス	愛知県	9月25日18時半ごろ
1954	8	5405	グレイス	鹿児島県	8月18日2時ごろ
	9	5412	ジューン	鹿児島県	9月13日15時ごろ
	9	5413	キャシイ	鹿児島県	9月7日15時ごろ
	9	5414	ローナ	静岡県	9月18日21時ごろ
	9	5415	マリー	鹿児島県	9月26日2時ごろ
1955	7	5508	ダット	宮崎県	7月16日19時前
	9	5522	ルイズ	鹿児島県	9月29日22時ごろ
	10	5523	マージ	山口県	10月4日8時ごろ
	10	5526	オパール	和歌山県	10月20日12時ごろ
1956	4	5603	セルマ	鹿児島県	4月25日7時半ごろ
	8	5609	バブス	北海道	8月18日21時過ぎ
	9	5615	ハリエット	静岡県	9月27日13時ごろ
1957	9	5710	ベス	鹿児島県	9月6日18時ごろ
1958	7	5811	アリス	静岡県	7月23日6時半ごろ
	8	5817	フロシー	和歌山県	8月25日18時ごろ
	9	5821	ヘレン	神奈川県	9月18日8時前
	9	5822	アイダ	神奈川県	9月27日0時ごろ
1959	8	5906	エレン	鹿児島県	8月8日6時ごろ
	8	5907	ジョージア	静岡県	8月14日6時半ごろ
	9	5915	ベラ	和歌山県	9月26日18時ごろ
	10	5916	エイミイ	高知県	10月7日5時ごろ
1960	8	6011	バージニア	高知県	8月11日4時過ぎ
	8	6012	ウェンディ	高知県	8月12日17時ごろ
	8	6016	デラ	高知県	8月29日14時ごろ
	9	6019	—	熊本県	9月2日4時ごろ
1961	7	6111	アイダ	宮崎県	7月31日12時ごろ
	9	6118	ナンシイ	高知県	9月16日9時過ぎ
	10	6124	バイオレット	千葉県	10月10日8時ごろ
1962	7	6207	ルイズ	和歌山県	7月27日13時ごろ
	8	6209	ノラ	北海道	8月4日0時半ごろ
	8	6213	サラ	鹿児島県	8月21日23時ごろ
	8	6214	セルマ	三重県	8月26日4時ごろ
	8	6215	ベラ	鹿児島県	8月28日3時ごろ
1963	6	6303	ローズ	高知県	6月13日22時ごろ
	8	6309	ベス	宮崎県・大分県	8月9日13時過ぎ
1964	8	6414	キャシイ	鹿児島県	8月23日12時ごろ
	9	6420	ウイルダ	鹿児島県	9月24日17時ごろ

年	月	台風番号	台風名	都道府県	上陸日時（日本時）
1965	5	6506	エイミイ	千葉県	5月27日12時ごろ
	8	6515	ジーン	熊本県	8月6日6時ごろ
	8	6517	ルーシイ	静岡県	8月22日19時過ぎ
	9	6523	シャーリイ	高知県	9月10日8時ごろ
	9	6524	トリックス	愛知県	9月17日21時過ぎ
1966	8	6614	バイオラ	静岡県	8月22日12時過ぎ
	8	6615	ウィニー	宮崎県	8月23日7時ごろ
	9	6619	ドリス	広島県	9月9日21時前
	9	6624	ヘレン	高知県	9月25日10時ごろ
	9	6626	アイダ	静岡県	9月25日0時過ぎ
1967	8	6715	—	長崎県	8月13日6時過ぎ
	8	6718	ルイズ	和歌山県	8月22日14時ごろ
	10	6734	ダイナ	愛知県	10月28日3時半ごろ
1968	7	6804	メアリイ	高知県	7月28日19時半ごろ
	8	6810	トリックス	鹿児島県	8月29日3時過ぎ
	9	6816	デラ	鹿児島県	9月24日22時ごろ
1969	8	6907	アリス	和歌山県	8月4日19時半ごろ
	8	6909	コーラ	鹿児島県	8月22日10時ごろ
1970	7	7002	オルガ	和歌山県	7月5日18時半ごろ
	8	7009	ウィルダ	長崎県	8月14日23時ごろ
	8	7010	アニタ	高知県	8月21日8時過ぎ
1971	7	7113	アイビイ	静岡県	7月7日19時過ぎ
	8	7119	オリブ	長崎県	8月5日10時前
	8	7123	トリックス	鹿児島県	8月29日23時半ごろ
	9	7129	カルメン	和歌山県	9月26日13時ごろ
1972	7	7206	フィリス	愛知県	7月15日20時ごろ
	7	7209	テス	宮崎県・大分県	7月23日20時ごろ
	9	7220	ヘレン	和歌山県	9月16日18時半ごろ
1973	7	7306	エレン	熊本県	7月25日20時ごろ
1974	8	7414	メアリー	静岡県	8月26日10時ごろ
	9	7416	ポリー	高知県	9月1日18時過ぎ
	9	7418	シャリー	鹿児島県	9月8日20時ごろ
1975	8	7505	フィリス	高知県	8月17日9時前
	8	7506	リタ	兵庫県	8月23日5時半ごろ
1976	7	7612	アニタ	鹿児島県	7月25日0時過ぎ
	9	7617	フラン	長崎県	9月13日2時前
1977	8	7707	エミー	鹿児島県	8月24日12時ごろ
1978	6	7803	ポリィ	長崎県	6月20日18時ごろ
	8	7808	ウェンディ	鹿児島県	8月2日18時ごろ
	8	7813	—	徳島県	8月20日17時半ごろ
	9	7818	アーマ	山口県	9月15日16時ごろ
1979	9	7912	ケン	鹿児島県	9月3日21時半ごろ
	9	7916	オーエン	高知県	9月30日18時半ごろ
	10	7920	チップ	和歌山県	10月19日10時
1980	9	8013	オーキッド	鹿児島県	9月11日8時前

年	月	台風番号	台風名	都道府県	上陸日時（日本時）
1981	6	8105	ジューン	長崎県	6月22日20時過ぎ
	7	8110	オグデン	宮崎県	7月31日1時半ごろ
	8	8115	サッド	千葉県	8月23日4時過ぎ
1982	8	8210	ベス	愛知県	8月2日0時ごろ
	8	8213	エリス	宮崎県	8月27日0時過ぎ
	9	8218	ジュディ	静岡県	9月12日18時ごろ
	9	8219	ケン	愛媛県	9月25日2時半ごろ
1983	8	8305	アビー	愛知県	8月17日7時過ぎ
	9	8310	フォレスト	長崎県	9月28日10時過ぎ
1985	7	8506	アーマ	静岡県	7月1日3時ごろ
	8	8513	パット	鹿児島県	8月31日4時ごろ
	8	8514	ルビー	神奈川県	8月30日22時ごろ
1987	10	8719	ケリー	高知県	10月17日0時ごろ
1988	8	8811	—	和歌山県	8月15日20時ごろ
	8	8813	—	三重県・愛知県	8月16日15時半ごろ
1989	6	8906	エリス	鹿児島県	6月24日5時半ごろ
	7	8911	ジュディ	鹿児島県	7月27日24時前
	8	8913	マック	千葉県	8月6日15時ごろ
	8	8917	ロジャー	高知県	8月27日9時ごろ
	9	8922	ウェイン	鹿児島県	9月19日13時半ごろ
1990	8	9011	ウィノーナ	静岡県	8月10日7時ごろ
	8	9014	ゾラ	広島県	8月22日13時ごろ
	9	9019	フロウ	和歌山県	9月19日20時過ぎ
	9	9020	ジーン	和歌山県	9月30日9時半ごろ
	10	9021	ハティー	和歌山県	10月8日10時半ごろ
	11	9028	ページ	和歌山県	11月30日14時ごろ
1991	8	9114	ハリー	静岡県	8月31日2時半ごろ
	9	9117	キンナ	長崎県	9月14日5時半ごろ
	9	9119	ミレーレ	長崎県	9月27日16時過ぎ
1992	8	9209	アービング	高知県	8月4日13時ごろ
	8	9210	ジャニス	熊本県	8月8日9時半ごろ
	8	9211	ケント	宮崎県・大分県	8月18日21時前
1993	7	9304	ネイサン	徳島県	7月25日2時過ぎ
	7	9305	オフェリア	鹿児島県	7月27日11時ごろ
	7	9306	パーシー	長崎県	7月29日24時前
	8	9311	バーノン	北海道	8月28日11時半ごろ
	9	9313	ヤンシー	鹿児島県	9月3日16時前
	9	9314	ゾラ	和歌山県	9月9日6時過ぎ
1994	7	9407	ウォルト	高知県	7月25日14時前
	8	9411	ブレンダン	青森県	8月2日22時過ぎ
	9	9426	オーキッド	和歌山県	9月29日19時半ごろ
1995	9	9514	ライアン	鹿児島県	9月24日0時ごろ
1996	7	9606	イブ	鹿児島県	7月18日13時過ぎ
	8	9612	カーク	熊本県	8月14日10時過ぎ
1997	6	9707	オパル	愛知県	6月20日11時半ごろ

年	月	台風番号	台風名	都道府県	上陸日時（日本時）
	6	9708	ピーター	長崎県	6月28日9時過ぎ
	7	9709	ロージー	徳島県	7月26日17時過ぎ
	9	9719	オリバー	鹿児島県	9月16日8時過ぎ
1998	9	9805	ステラ	静岡県	9月16日4時半ごろ
	9	9807	ビッキー	和歌山県	9月22日13時過ぎ
	9	9808	ワルドー	和歌山県	9月21日16時前
	10	9810	ゼブ	鹿児島県	10月17日16時半ごろ
1999	9	9916	ジア	宮崎県	9月14日17時ごろ
	9	9918	バート	熊本県	9月24日6時ごろ
2001	8	0111	パブーク	和歌山県	8月21日19時過ぎ
	9	0115	ダナス	神奈川県	9月11日9時半ごろ
2002	7	0206	ツァターン	千葉県	7月11日0時過ぎ
	7	0207	ハーロン	静岡県	7月16日9時過ぎ
	10	0221	ヒーゴス	神奈川県	10月1日20時半ごろ
2003	5	0304	リンファ	愛媛県	5月31日6時半ごろ
	8	0310	アータウ	高知県	8月8日22時前
2004	6	0404	コンソン	高知県	6月11日16時過ぎ
	6	0406	ディアンムー	高知県	6月21日9時半ごろ
	7	0410	ナムセーウン	高知県	7月31日16時過ぎ
	8	0411	マーロウ	徳島県	8月4日22時半ごろ
	8	0415	メーギー	青森県	8月20日6時過ぎ
	8	0416	チャバ	鹿児島県	8月30日10時前
	9	0418	ソングダー	長崎県	9月7日9時半ごろ
	9	0421	メアリー	鹿児島県	9月29日8時半ごろ
	10	0422	マーゴン	静岡県	10月9日16時ごろ
	10	0423	トカゲ	高知県	10月20日13時ごろ
2005	7	0507	バンヤン	千葉県	7月26日20時ごろ
	8	0511	マーワー	千葉県	8月26日4時半ごろ
	9	0514	ナービー	長崎県	9月6日14時過ぎ
2006	8	0610	ウーコン	宮崎県	8月18日1時ごろ
	9	0613	サンサン	長崎県	9月17日18時過ぎ
2007	7	0704	マンニィ	鹿児島県	7月14日14時過ぎ
	8	0705	ウサギ	宮崎県	8月2日18時前
	9	0709	フィートウ	静岡県	9月7日0時前
2009	10	0918	メーロー	愛知県	10月8日5時過ぎ
2010	8	1004	ディアンムー	秋田県	8月12日17時ごろ
	9	1009	マーロウ	福井県	9月8日11時ごろ
2011	7	1106	マーゴン	徳島県	7月19日23時ごろ
	9	1112	タラス	高知県	9月3日10時ごろ
	9	1115	ロウキー	静岡県	9月21日14時ごろ
2012	6	1204	グチョル	和歌山県	6月19日17時過ぎ
	9	1217	ジェラワット	愛知県	9月30日19時ごろ
2013	9	1317	トラジー	鹿児島県	9月4日3時ごろ
	9	1318	マンニィ	愛知県	9月16日8時ごろ

引用文献

1章

井沢元彦, 1998：逆説の日本史6 中世神風編—鎌倉仏教と元寇の謎, 小学館.
Kubota, H., 2012：Variability of Typhoon Tracks and Genesis over the Western North Pacific, *Cyclones：Formation, Triggers and Control*, edited by K. Oouchi and H. Fudeyasu, Nova Science Publishers, 95-114.
松嶋憲昭, 2011：桶狭間は晴れ, のち豪雨でしょう, メディアファクトリー新書.
三池純正, 2010：モンゴル襲来と神国日本, 洋泉社.
Sumner, H. C., 1943：North Atlantic hurricanes and tropical disturbances of 1943, *Mon. Wea. Rev.*, **71**, 179-183.
武田幸男編訳, 2005：高麗史日本伝, 岩波書店.
月村辰雄, 久保田勝一訳, 2012：マルコ・ポーロ東方見聞録, 岩波書店.

2章

別所康太郎ほか, 2010：伊勢湾台風再現実験プロジェクト, 天気, **57**, 246-254.
Frank, N. L. and S. A. Husain, 1971：The deadliest tropical cyclone in history? *Bull. Amer. Meteorol. Soc.*, **52**, 438-445.
林 敏彦, 2011：大災害の経済学, PHP研究所.
伊藤安男, 2009：台風と高潮災害—伊勢湾台風 (シリーズ繰り返す自然災害を知る・防ぐ), 古今書院.
Kawabata, T., M. Kunii, K. Bessho, T. Nakazawa, N. Kohno, Y. Honda and K. Sawada, 2012：Reanalysis and reforecast of typhoon Vera (1959) using a mesoscale four-dimensional variational assimilation system, *J. Meteorol. Soc. Japan*, **90**, 467-491.
毎日新聞Web版 2013年11月25日：フィリピン：「津波」なら逃げた 言葉の壁, 被害を拡大.
村松照男, 2008：2006年度秋季大会シンポジウム「台風—伊勢湾台風から50年を経て—」の報告1. 台風防災の原点：伊勢湾台風から50年, 天気, **55**, 362-369.
NOAA, 2013：Hurricane/Post-Tropical Cyclone Sandy, October 22-29, 2012, NWS service assessments [http://www.nws.noaa.gov/os/assessments/pdfs/Sandy13.pdf].
林 泰一, 光田 寧, 1992：台風9119号の強風による被害について, 第12回風工学

シンポジウム論文集, 91-94.
東京大学総合防災情報研究センター, 2011：災害情報の認知度や防災意識の動向に関する定期的調査 [http://cidir.iii.u-tokyo.ac.jp/_userdata/cidir_survey_02.pdf].
上野　充, 山口宗彦, 2012：台風の科学, 講談社ブルーバックス.
宇治　豪, 1975：数値計算による台風域内の波浪の推算, 気象研究所研究報告, **26**, 199-217.
宇野木早苗, 2012：海の自然と災害, 成山堂書店.
Yoshida, K. and H. Itoh, 2012：Indirect Effects of Tropical Cyclones on Heavy Rainfall Events in Kyushu, Japan, during the Baiu Season, *J. Meteorol. Soc. Japan*, **90**, 377-401.
Wang, Y., Y. Wang and H. Fudeyasu, 2009：Roles of Typhoon Songda (2004) in producing distantly-located heavy rainfall in Japan, *Mon. Wea. Rev.*, **137**, 3699-3716.
高野洋雄, 2014：気象津波, 天気, **61**, 494-496.

3章

Harper, B. A., J. D. Kepert and J. D. Ginger, 2010：*Guidelines for converting between various wind averaging periods in tropical cyclone conditions*, World Meteorological Organization, TCP Sub-Project Report, WMO/TD-No. 1555.
Knapp, K. R., M. C. Kruk, D. H. Levinson, H. J. Diamond and C. J. Neumann, 2010：The International Best Track Archive for Climate Stewardship (IBTrACS), *Bull. Amer. Meteor. Soc.*, **91**, 363-376.
北内達也, 2013：統計解析による台風発達パターンの分類と環境場の要因, 横浜国立大学大学院修士論文.
廣瀬　駿, 2014：全海域における台風の統計解析, 横浜国立大学大学院修士論文.
Fudeyasu, H., S. Hirose, H. Yoshioka, R. Kumazawa, and S. Yamasaki, 2014：A Global View of the Landfall Characteristics of Tropical Cyclones, submitted to *Tropical Cyclone Research and Review*.

4章

Niino, H., T. Fujitani and N. Watanabe, 1997：A statistical study of tornadoes and waterspouts in Japan from 1961 to 1993, *J. Climate*, **10**, 1730-1752.
廣田　勇, 2011：渦のいろいろ, 天気, **58**, 999-1003.
Fudeyasu, H., S. Iizuka and T. Hayashi, 2007：Meso-β-scale pressure dips associated with typhoons, *Mon. Wea. Rev.*, **135**, 1225-1250.
Muramatsu, T., 1986：The structure of polygonal eye of a typhoon, *J. Meteorol. Soc. Japan*, **64**, 913-921.

5章

筆保弘徳, 2013a：発生過程, 気象研究ノート 台風研究の最前線（上）, **226**, 27-64.

Yoshida, R. and H. Ishikawa, 2013：Environmental factors contributing to tropical cyclone genesis over the western North Pacific, *Mon. Wea. Rev.*, **141**, 451-467.

Zehr, R., 1992：Tropical cyclogenesis in the western North Pacific, *NOAA Tech. Rep. NESDIS*, **61**, 181.

Hennon, C. Christopher et al., 2013：Tropical cloud cluster climatology, variability, and genesis productivity, *Journal of Climate*, **26**, 3046-3066.

筆保弘徳, 2013b：台風の研究, 天気と気象についてわかっていることいないこと ようこそ, そらの研究室へ！, ベレ出版, 58-97.

Emanuel, K. A., 1986：An air-sea interaction theory for tropical cyclones. Part I：Steady-state maintenance, *J. Atmos. Sci.*, **43**, 585-604.

Kitabatake, N., 2011：Climatology of Extratropical Transition of Tropical Cyclones in the Western North Pacific, *J. Meteor. Soc. Japan*, **89**, 309-325.

Jones, S., P. A. Harr, J. Abraham, L. F. Bosart, P. J. Bowyer, J. L. Evans, D. E. Hanley, B. N. Hanstrum, R. E. Hart, F. Lalaurette, M. R. Sinclair, R. K. Smith and C. Thorncroft, 2003：The extratropical transition of tropical cyclones：Forecast challenges, current understanding, and future directions, *Wea. Forecasting*, **18**, 1052-1092.

北畠尚子, 2011：Cyclone Phase Space（低気圧位相空間）, 天気, **58**, 801-803.

Fujiwhara, S., 1923：On the growth and decay of vortical systems, *Quart. J. Roy. Meteor. Soc.*, **49**, 75-104.

石島 英, ナタニエル・セルバンド, 宜野座亮, 2006：北太平洋西部海域におけるバイナリー台風の出現性と経路モードの特徴について, 天気, **53**, 467-478.

Neumann, C., 1979：On the use of deep-layer mean geopotential height fields in statistical prediction of tropical cyclone motion, *Preprints. Sixth Conf. on Probability and Statistics in Atmospheric Sciences*, 32-38.

Pike, A., 1985：Geopotential heights and thicknesses as predictors of Atlantic tropical cyclone motion and intensity, *Mon. Wea. Rev.*, **113**, 931-939.

山口宗彦, 2013：ベータドリフト, 天気, **60**, 133-135.

Charney, J. G., and Eliassen, A., 1964：On the growth of the hurricane depression, *J. Atmos. Sci.*, **21**, 68-75.

Ooyama, K., 1969：Numerical simulation of the life cycle of tropical cyclones, *J. Atmos. Sci.*, **26**, 3-40.

Hendricks, E. A., M. T. Montgomery and C. A. Davis, 2004：The role of "vortical" hot towers in the formation of tropical cyclone Diana (1984), *J. Atmos. Sci.*, **61**, 1209-1232.

Montgomery, M. T., M. E. Nicholls, T. A. Cram and A. B. Saunders, 2006: A vortical hot tower route to tropical cyclogenesis, *J. Atmos. Sci.*, **63**, 355-386.

Ritchie, E. A. and G. J. Holland, 1997: Scale interactions during the formation of typhoon Irving, *Mon. Wea. Rev.*, **125**, 1377-1396.

Simpson, J., E. Ritchie, G. J. Holland, J. Halverson and S. Stewart, 1997: Mesoscale interactions in tropical cyclone genesis, *Mon. Wea. Rev.*, **125**, 2643-2661.

Bister, M. and K. A. Emanuel, 1997: The genesis of Hurricane Guillermo: TEXMEX analyses and a modeling study, *Mon. Wea. Rev.*, **125**, 2662-2682.

6章

Black et al., 2007: Air-sea exchange in hurricanes: Synthesis of observations from the coupled boundary layer air-sea transfer experiment, *Bull. Amer. Meteor. Soc.*, **88**, 357-374.

Aberson S. D. et al., 2010: Aircraft Observations of Tropical Cyclones, *Global Perspectives on Tropical Cyclones*, World Scientific, 227-240.

Kawai, Y., H. Kawamura, S. Takahashi, K. Hosoda, H. Murakami, M. Kachi and L. Guan, 2006: Satellite-based high-resolution global optimum interpolation sea surface temperature data, *J. Geophys. Lett.*, **111**, doi: 10.1029/2005JC003313.

Powell, M., P. Vickery and T. Reinhold, 2003: Reduced drag coefficient for high wind speeds in tropical cyclones, *Nature*, **422**, 279-283.

7章

Miura, H., M. Satoh, T. Nasuno, A. T. Noda and K. Ooucchi, 2007: A Madden-Julian Oscillation event realistically simulated by a global cloud-resolving model, *Science*, **318**, 1763-1765.

Fudeyasu, H., Y. Wang, M. Satoh, T. Nasuno, H. Miura and W. Yanase, 2008: The Global Cloud-System-Resolving Model NICAM Successfully Simulated the Lifecycles of Two Real Tropical Cyclones, *Geophys. Res. Lett.*, **35**, L22808.

Fudeyasu, H., Y. Wang, M. Satoh, T. Nasuno, H. Miura and W. Yanase, 2010a: Multiscale Interactions in the Lifecycle of a Tropical Cyclone simulated in a global cloud-system-resolving model: Part I: Large-scale and Storm-scale Evolutions, *Mon. Wea. Rev.*, **138**, 4285-4304.

Fudeyasu, H., Y. Wang, M. Satoh, T. Nasuno, H. Miura and W. Yanase, 2010b: Multiscale Interactions in the Lifecycle of a Tropical Cyclone simulated in a global cloud-system-resolving model: Part II: System-Scale and Mesoscale Processes, *Mon. Wea. Rev.*, **138**, 4305-4327.

露木　義, 2008：変分法, 気象研究ノート　気象学におけるデータ同化, **217**, 33-68.

三好健正, 2008：カルマンフィルタ, 気象研究ノート　気象学におけるデータ同化, **217**, 69-96.

山根省三, 2002：摂動の線形発展の理論, 気象研究ノート, **201**, 21-71.

米原　仁, 2010：週間アンサンブル予報へのモデルアンサンブル手法の導入, 平成22年度数値予報課研修テキスト, 62-65.

山口宗彦, 2008：気象庁台風アンサンブル予報システム, 天気, **55**, 521-524.

経田正幸, 2006：アンサンブル予報概論, 数値予報課報告・別冊, **52**, 1-12.

Kishimoto, K., 2009: JMA's Five-day Tropical Cyclone Track Forecast, *RSMC Tokyo-Typhoon Center Technical Review*, **11**, 55-63.

8章

Wu, C.-C., P.-H. Lin, S. D. Aberson, T.-C. Yeh, W.-P. Huang, J.-S. Hong, G.-C. Lu, K.-C. Hsu, I-I Lin, K.-H. Chou, P.-L. Lin and C.-H. Liu, 2005: Dropwindsonde Observations for Typhoon Surveillance near the Taiwan Region (DOTSTAR): An Overview, *Bull. Amer. Meteor. Soc.* **86**, 787-790.

余田成男, 2007：THORPEX（観測システム研究・予測可能性実験計画）, 天気, **54**, 156-162.

中澤哲夫, 2013：最適観測法, 気象研究ノート　台風研究の最前線（下）, **227**, 1-14.

山口宗彦, 2013：台風の進路予報, 気象研究ノート　台風研究の最前線（下）, **227**, 15-35.

別所康太郎ほか, 2010：伊勢湾台風再現実験プロジェクト, 天気, **57**, 246-254.

Kawabata, T., M. Kunii, K. Bessho, T. Nakazawa, N. Kohno, Y. Honda and K. Sawada, 2012: Reanalysis and reforecast of typhoon Vera (1959) using a mesoscale four-dimensional variational assimilation system, *J. Meteorol. Soc. Japan*, **90**, 467-491.

Ito, K., T. Kuroda, K. Saito and A. Wada, 2014: Forecasting a large number of tropical cyclone intensities around Japan using a high-resolution atmosphereocean coupled model, accepted to *Weather and Forecasting*.

Murakami, H., Y. Wang, H. Yoshimura, R. Mizuta, M. Sugi, E. Shindo, Y. Adachi, S. Yukimoto, M. Hosaka, S. Kusunoki, T. Ose and A. Kitoh, 2012:Future changes in tropical cyclone activity projected by the new high-resolution MRI-AGCM, *J. Climate*, **25**, 3237-3260.

Yamada, Y., K. Oouchi, M. Satoh, H. Tomita and W. Yanase, 2010:Projection of changes in tropical cyclone activity and cloud height due to greenhouse warming:Global cloud-system-resolving approach, *Geophys. Res. Lett.*, **37**, L07709, doi:10.1029/2010GL042518.

Yamada, Yohei and Masaki Satoh, 2013:Response of Ice and Liquid Water Paths of Tropical Cyclones to Global Warming Simulated by a Global Nonhydrostatic Model with Explicit Cloud Microphysics, *J. Climate*, **26**, 9931-9945.

斉藤和雄, 川畑拓矢, 国井 勝, 2013:台風強度予報と再予報実験, 気象研究ノート 台風研究の最前線（下）, **227**, 37-70.

索　引

欧　文

CISK　94-96
CI 数　136-138, 142
DOTSTAR　132, 133, 148
G-IV　125, 133
Global Hawk　148
IBTrACS　52-56
IPCC　153
JTWC　36-38
MJO　90
NASA　148, 149
NHC　125
NOAA　13, 52, 111, 124, 125
NWS　125
PALAU2013　145, 146
RSMC　145
severe tropical storm　36, 37
storm surge　21
super typhoon　36, 37
THORPEX　139
T-PARC　133, 139, 140
tropical depression　36, 37
tropical storm　36, 37, 39
tsunami　21
typhoon　35-37
WISHE　95, 96, 100, 107
WJ-C130　125
WMO　54, 139, 144, 145

ア　行

雨台風　25
アメダス　25
雨の強さと降り方　28, 29
アンサンブルメンバー　120, 126
アンサンブル予報　126-129, 149-151
伊勢湾台風　8-10, 12, 19, 20, 22, 23, 36, 143, 144
伊勢湾台風再現実験プロジェクト　23, 143, 144
一次循環　72, 74

渦度　64, 65, 86-89, 103, 104
渦ロスビー波　75
内側降雨帯　70, 71, 75
うねり　33, 34

衛星観測　124, 134, 135
エクマン湧昇　114-116
エクマン輸送　114
遠心力　61-63, 67, 68, 70, 74
鉛直混合　114-116
鉛直シアー　85, 87, 100
塩風害　8, 33

大雨警報　27, 28
大雨注意報　27, 28
大雨特別警報　27
大潮　20
温帯低気圧　83, 84, 100-102, 138, 139
温帯低気圧化（温低化）　15, 79, 83, 84, 86, 100-102, 130, 134, 139, 141
温度躍層　114

カ　行

海上風観測　139
外部コア　71, 75
海面水温　43-45, 83, 100, 106-108, 112-116, 142, 152
海洋上層　112
海洋深層　112
角運動量　64, 87
がけ崩れ　29
風台風　14, 19, 25
風津波　21
風の強さと吹き方　16, 17
壁雲　25, 70-76, 82, 95, 96, 152
神風　1, 2, 4-7
カルノーサイクル　97, 98, 107
寒気核　101, 102
環境場　47
気圧　60, 61
気圧傾度力　60, 61, 67-70, 74, 95
気化熱　66
気候変動に関する政府間パネル　153
気象津波　21
客観解析　123
境界層（大気境界層）　59, 60, 69, 72, 94, 95, 107
境界層風洞実験室　15, 18
凝結熱　65, 66, 74, 106, 107
強風域　13, 14, 32, 34, 72, 96, 134, 138, 139
強風半径　39-41, 124

空間解像度　120, 122
空気塊　67-69, 99
クラウドクラスター　80, 81, 87-92

京　123, 154

索　引

傾度風　68-70
傾度風平衡　68-70, 74, 92, 95
決定論的予報　127, 128
元寇　4
減衰効果　94, 95
顕熱　108

コア領域　71
格子　121, 122, 124, 152
洪水警報　27
洪水注意報　27
コブラ台風　6
コリオリ力　61-64, 67-70, 74, 86, 87, 103, 114
混合層　113, 114
コンパス法　131, 135

サ　行

災害対策基本法　10, 143
サイクロン　35, 36
　　シドル　12
　　ナルギス　12
　　ファイリン　12
　　ボーラ　12
最盛期　43, 78, 79, 81, 82, 92, 106, 142
最大瞬間風速　13
最大風速　13
最適観測　139

シアーライン　89
軸対称構造　71, 72, 85, 101, 102
指向流　102, 103
地すべり　29, 30
自然災害による死者・行方不明者　8-12
自由大気　59, 60, 67-69
上昇流（上昇気流）　25, 66, 69, 72, 74, 95, 96
初期値　120, 123-127, 134, 139, 149
吸上げ効果　21, 22
衰弱期　79, 81, 83, 100, 142
水平解像度　120-123, 143
数値シミュレーション　26, 32, 72, 106, 110, 111, 116,

122, 123, 144, 153
数値予報（数値予報システム）　118
数値予報モデル　119
スパイラルレインバンド　76
スーパーコンピュータ　118, 120, 122, 123, 154
スーパーセル　76
スーパータイフーン　35, 36, 38
スプレッド　129

成層圏　59, 60
世界気象機関　39, 54, 139, 144
積乱雲　60, 69, 71, 72, 74, 80, 85, 87, 88, 92-96, 123, 146
接線風　68, 72-74, 95
絶対渦度　65, 103, 104
全球雲解像シミュレーション　122
全球モデル　120-122, 127, 148
潜熱　66, 95, 98, 99, 108, 152

層状雲　60, 71-74, 76, 93
相対渦度　103, 104
双方向型数値予報システム　140
外側降雨帯　70, 71, 75
外側領域　71, 75

タ　行

第1種条件付き不安定　94
台風
　　――と海洋の運動量交換　109
　　――と海洋の熱交換　109
　　――による海洋への影響　112
　　――による死者・行方不明者　9
　　――による竜巻　33, 76
　　――による水資源　31
　　――の移動　47
　　　　――のメカニズム　102
　　　　――の移動速度　47
　　――のエネルギー　66
　　――の温帯低気圧化　100

　　――の温帯低気圧化の定義　101
　　――の階級　39
　　――の解析作業　133
　　――の強度予報の誤差　151
　　――の国別上陸ランキング　54
　　――の航空機観測　6, 109, 111, 124, 132, 139, 148
　　――の最低中心気圧　43
　　――の寿命　48
　　――の上陸　50, 51
　　――の進路予報の誤差　147
　　――の世界における発生数　52
　　――の多角形構造　74
　　――の通過　50
　　――の定義　35
　　――の都道府県別上陸ランキング　50
　　――の名前　38
　　　　――の引退　39
　　――の発生位置　43
　　――の発生時期　46
　　――の発生数　43
　　――の発生メカニズム　86
　　――の発達メカニズム　94
　　――の眼　19, 71-75, 82, 134
　　――の予報現場　130
　　――の予報作業　141
　　――のライフステージ　79
　　――の領域　70
ハイエン　13, 116
ボーガス　124
モーラコット　12, 25
台風委員会　38
台風臨時編成　132
タイフーン　35, 36
太平洋高気圧　47, 87, 88, 102, 103
対流（対流活動）　59, 60, 71, 77, 94, 96
対流雲　70, 71, 76
対流圏　59, 60
対流圏界面　59, 60, 71
対流セル　76
高潮　8, 12, 13, 20-25, 32, 116, 143, 144, 145

索引　*171*

高波　8, 20, 21, 32
高橋の式　135
多重壁雲　75
多重眼　75
ダム湖　33
暖気核　74, 83, 87, 95, 100-102, 139, 155
断熱圧縮　99
断熱膨張　99

地域特別気象センター　144
地球温暖化　153, 155
地球シミュレータ　122, 123, 154
地衡風　68
地衡風平衡　68-70
地軸　63
中心気圧　60
潮位　20, 23, 143
潮位偏差　21
潮汐　20

ツインサイクロン　69
津波　11, 21, 24

低気圧位相空間図　101, 102
データ同化　123, 124, 126, 133, 139, 140, 149
転向　56, 82, 83, 115

動径風　68, 69, 72, 73
特別警報　12
土砂災害　8, 10, 27-30, 43
土砂災害警戒情報　27
土砂災害警戒判定メッシュ　28
土石流　27, 29, 30, 33
突風率　137
トップダウン仮説　93
ドップラーレーダー　146, 147
ドボラック法　131, 136, 137
土用波　33
ドロップゾンデ　132, 133, 140, 148

ナ 行

内部エネルギー　66, 97-99
内部コア　71, 72, 73, 152

波しぶき　109, 110

二次循環　72
ニッカム　122, 123, 154

熱交換係数　107, 109
熱帯低気圧　35
　——の国際名称　36
熱帯低気圧警報センター　145
熱帯波動　89
熱力学の第一法則　97-99

ハ 行

バイパー台風　6
ハザードマップ　24, 27
バーチャルサテライト　149
発生期　79-81, 92
発達期　43, 79, 81, 82, 92, 94, 139, 142
ハリケーン　35-37
　カトリーナ　13, 39, 117
　サンディ　13, 24
　リタ　13, 117
ハリケーンハンター　124, 148
波浪　32, 100, 106, 108, 110

非軸対称構造　101, 102, 139
ひまわり　134

不安定　59, 60, 86, 89, 94-96
吹寄せ効果　21, 22
富士山レーダー　7
藤原効果　5, 104, 105
双子低気圧　69
プレッシャーディップ　77, 78

米軍合同台風警報センター　36
米国海洋大気庁　52, 124
米国気象局　125
米国航空宇宙局　148
米国ハリケーンセンター　125
ベータ効果　65, 102-104
偏西風　47, 82, 83, 85, 100, 102, 103
偏西風帯　101, 134, 149
偏東風　47, 89, 102, 103
偏東風波動　89-91

貿易風　87, 89, 102
暴風域　13, 14, 134, 138, 139, 141, 142
暴風警戒域　13, 14, 142
暴風津波　21
北西太平洋　32
ポスト・トロピカルサイクロン・サンディ　13
ボトムアップ仮説　93

マ 行

摩擦（地表面摩擦）　64, 67-69, 72, 94-96, 107-109
摩擦係数　107-111
摩擦収束　69, 95, 96
マッデンジュリアン振動　90
マルチセンターアンサンブル　149-151
満潮　20

みらい　146, 147

室戸台風　5, 9, 19

モンスーントラフ　87, 89
モンスーン西風　89

ヤ 行

有袋類説　88

予報円　13, 14, 128, 129, 141, 142, 147, 149, 150

ラ 行

離散化　120, 126
領域モデル　120, 121
りんご台風　13, 36

レインバンド　25, 75-76, 82
レーダー観測　134, 135, 146

ワ 行

惑星渦度　103, 104